ハヤカワ文庫 NF

〈NF484〉

ブラックホールで死んでみる

タイソン博士の説き語り宇宙論

〔上〕

ニール・ドグラース・タイソン

吉田三知世訳

早 川 書 房

7919

DEATH BY BLACK HOLE

and Other Cosmic Quandaries

by

Neil deGrasse Tyson

Translated by
Michiyo Yoshida
Published 2017 in Japan by
HAYAKAWA PUBLISHING, INC.
This book is published in Japan by
arrangement with
W. W. NORTON & COMPANY, INC.
through JAPAN UNI AGENCY, INC., TOKYO.

宇宙はわれわれが想像する以上に奇妙なだけでなく、われわれに想像できる以上に奇妙なのかもしれないと、わたしは思う。

——J・B・S・ホールデン『可能な世界』（一九二七年）

目次

第2部　自然についての知識

宇宙の構成要素を見出す試み

第3部　自然のあり方とやり口

問いかける精神に対して自然はどのように姿を現すか

下巻　目次

まえがき

わたしにとって宇宙は、物体や理論や現象が集まったものではなく、もつれあい、予想もつかぬ展開をする筋書きに突き動かされて、俳優たちが演技を繰り広げるとほうもなく広い舞台のようなものだ。したがって、宇宙について何か書くなら、読者のみなさんをこの劇場に案内し、舞台裏に通して、舞台装置がどのようにデザインされているのか、台本はどのように書かれているのか、そして、物語はこの先どのように展開するのか、自分の眼で間近に見てもらうのが筋だろう。わたしは常々、宇宙がどのようにあり、どのように働いているかにまつわる洞察を読者に伝えることを目指しているのだが、それは、ただ単に事実を示すよりもはるかに難しい。芝居の花形役者はといえば、筋書きの展開のなかで、宇宙の要請に従って、微笑むこともあれば、しかめ面をすることもある。宇宙が求めるなら、恐怖に正気を失うこともある。そのような意味で本書『ブラックホールで死んでみる』は、読者のみなさんを、宇宙のなかにあって、わたしたちを動かし、わたしたちに教え、わたしたちを恐れさせる、すべてのものへと導く入り口なのだと、わたしは考えている。

それぞれの章は、一九九五年から二〇〇五年にかけての一一年間に『ナチュラル・ヒストリー』誌に「宇宙（ユニバース）」という題のもと、いろいろなかたちで掲載されたものである。『ブラックホールで死んでみる』は、言わば「選（よ）り抜き宇宙ばなし」のようなもので、わたしが書いたエッセーのなかでも最も好評なものもいくつか含まれている。それらの文章には、前後のつながりに配慮し、また、科学の最新の傾向を反映するように多少手を加えている。読者のみなさんには、このエッセー集を、決まりきったことの繰り返しである日常生活の、格好の気晴らしとしていただけたら幸いである。

ニール・ドグラース・タイソン
ニューヨーク・シティ
二〇〇六年一〇月

謝辞

わたしが宇宙について持っている正式な教育に基づく専門知識は、恒星、恒星の進化、銀河の構造に関するものだ。したがって、本書で扱っている広範な話題については、同僚たちの注意深い目配りがなかったなら、信頼できる文章は書けなかっただろう。わたしが毎月書く原稿に対して同僚がコメントしてくれることで、ただ書いただけのものが、宇宙について新たな発見が行なわれている最前線の成果から導き出された意味を加えて深められることが度々あった。太陽系に関する事柄については、わたしの大学院時代のクラスメートで、現在はMITの惑星科学の教授であるリック・ビンゼルに感謝している。惑星やその環境について、書き終えたばかりの原稿や、これから書こうとしている文章について、大至急事実確認がしたいとき、わたしは何度も彼に電話をかけたものである。

このような役割を引き受けてくださった方は、ほかにも大勢いるが、特に、プリンストン大学天体物理学教授の、ブルース・ドレイン、マイケル・ストラウス、デイヴィッド・シュパーゲルが提供してくださった、宇宙化学、銀河、宇宙論に関する専門知識がなければ、わたしは、宇宙の秘密の隠し場所をそんなに何カ所も、深く探ることなどできなかったであろう。わたしの同僚のなかで、本書のエッセーに最も関わりの深い人物のひとりが、プリンストンのロバート・ラプトンだ。彼は、イギリスでしかるべき教育を受けており、あらゆる事柄についてあらゆることを知っているようだ。本書に掲載したエッセーのほとんどのものが、わたしが一旦(いったん)書いたものにほぼ毎月彼が目を通して、科学的な内容と文章表現の両方についての細部にまで並々ならぬ注意を払い、信頼できる改善を加えてくれた結果充実したのである。わたしの仕事を常に見守ってくれたもうひとりの博識の同僚がスティーヴン・ソーターだ。彼に丹念に見てもらわないかぎり、わたしが書いたものは、どこか不完全なのだ。

文学の世界の人々としては、まずは、『ナチュラル・ヒストリー』誌でわたしが最初にお世話になった編集者のエレン・ゴールデンソーン。彼女は、ナショナル・パブリック・ラジオでわたしのインタビューを聞いたのがきっかけで、コラムを書かないかと声をかけてくれた。わたしは直ちに了承した。それ以来この毎月の仕事は、わたしにとって一番消耗すると同時に一番胸躍る取り組みでありつづけている。わたしの現在の編集担当者、アヴィス・ラングは、エレンが始めた仕事を引き継ぎ、わたしが考えているとおりのことを表明し、表明しているとおりのことを考えているという状態が常に維持できるようにしてくれている。わたしがよりよい著述家となるよう二人が時間を費やしてくれたことに、わたしは多大な恩を受けている。エッセーのひとつ、もしくはいくつかについて、内容を改善したり補強したりするのに協力してくださったのは、フィリップ・ブランフォード、ボビー・フォーゲル、エド・ジェンキンス、アン・レイ・ジョナス、ベッツィ・ラーナー、モーデカイ・マーク・マクロー、スティーヴ・ネイピア、マイケル・リッチモンド、ブルース・スタッツ、フランク・サマーズ、ライアン・ワイアットなどの方々である。ヘイデン・プラネタリウムの職員、キリエ・ボヒン-ティンチは、わたしが本書の宇宙を形作るうえで助けとなる、見事なファーストパスを決めてくれた。そして、『ナチュラル・ヒストリー』の編集長、ピーター・ブラウンには、わたしの著述活動全体を支援くださり、わたしが選んだエッセーを本書に再度掲載することを許してくださったことに、一層深い感謝を申し上げる。

『ナチュラル・ヒストリー』の"This View of Life（生命のこのような見方）"というコラムで、三〇〇篇ものエッセーを発表しつづけたスティーヴン・ジェイ・グールドに、わたしがいかに多くを負っているかを表明せずに、この謝辞を結ぶことはできない。彼とわたしは、一九九五年から二〇〇一年までの七年間、『ナチュラル・ヒストリー』誌で同時にコラムを掲載していたのであり、わたしが彼のことを意識しなかった月などなかった。ステイーヴンが書くようなモダンなエッセーのスタイルは、事実上彼が独力で創りあげたものと言ってよく、わたしの著作には、彼の影響がはっきりと見て取れる。科学史を深く探究する必要があると確信したときには、グールドが幾度となくそうしたように、わたしも、何世紀も前の希少な本を手にし、今にも崩れそうなそのページをめくり、そのなかから、われわれの先人たちが、自然界の在り方を理解しようと、どのように取り組んだのかについて、さまざまな具体的な事例を読み取るようにしている。彼が六〇歳にしてあまりに早すぎる死を遂げたことで、カール・セーガンが六二歳で亡くなったときと同じく、科学をめぐって交わされるコミュニケーションの世界にぽっかりと穴があき、それは今日なお埋められていない。

ブラックホールで死んでみる〔上〕

タイソン博士の説き語り宇宙論

プロローグ――科学の始まり

既知の物理法則を使って、周囲の世界がうまく説明できるたび、人間の知識はこんなところまで到達したのだという、自信過剰で傲慢な態度が強まってきた。とりわけ、物や現象に関するわれわれの知識に、足りない点はごくわずかしかないと思えるときは、その傾向が著しくなる。ノーベル賞受賞者をはじめ、高名な科学者たちも、このような態度と無縁ではなく、なかにはそれで恥をかいた科学者もいる。

科学はまもなく終焉を迎えるという有名な予言がなされたのは、一八九四年、その後ほどなくノーベル賞を受賞するアルバート・A・マイケルソンが、シカゴ大学で、ライアーソン物理学研究所の落成式のスピーチを行なったときのことだ。

物理科学の重要な基本法則や事実はすべてすでに発見され、今や確固たるものとして樹立されており、新発見の結果、その地位を奪われる可能性は極めて低い……。今後何かを発見するなら、それは小数点以下六桁に探し求めねばならないだろう。
(Barrow 1988, p. 173)

当時最高の天文学者のひとりで、米国天文学会の創設メンバーでもあるサイモン・ニューカムも、一八八八年に「われわれは、天文学に関して知ることができることはほとんど知り尽くしたという状態に近づいているのではないだろうか」(1888, p. 65)と述べたとき、マイケルソンと同じ立場であった。第3部で見るように、絶対温度の単位に名を残すことになった偉大な物理学者ケルビン卿さえもが、自らの自信に足をすくわれ、一九〇一年に「もはや、物理学で新たに発見すべきことは何もない。あとに残されたのは、測定の精度をどんどん上げていくという仕事だけだ」(1901, p. 1)と主張した。このような発言がなされたのは、光が空間を伝播する際の媒質としてエーテルの存在がまだ仮定されており、太陽を周回する水星の軌道を実測すると、予測されたものとほんの少しずれていることが事実として確認されたが、それがなぜなのかはまだ解決されていない時代のことだった。当時は、これらのやっかいな謎は些細なことであり、既知の物理法則をほんの少し修正するだけで説明できるはずだと考えられていた。

さいわい、量子力学の創設者のひとりであるマックス・プランクは、自分の師よりも先を見抜いていた。一九二四年の講演のなかで、彼は、一八七四年に師から受けた助言をこのように振り返っている。

わたしが物理の研究に取り組みはじめ、尊敬すべき高齢の師、フィリップ・フォン・ジョリーに助言を求めたとき……彼は、物理学は、科学分野として高度に発達しており、ほとんど成熟しきっていると言った。……もしかしたら、どこかの片隅に、調べて分類しなければならない小さなゴミやあぶくがあるかもしれないが、学問体系全体としては、相当堅固に構築されており、また、理論物理学は、たとえば幾何学がすでに何世紀も前に達していたような水準の完璧さに近づきつつあることは明白だ、というのが彼の説明であった。(1996, p. 10)

はじめのうちプランクには、師の見解を疑う理由などまったくなかった。しかし、物質がエネルギーを放射する現象についての古典的な描像が実験と一致しないことが明らかになると、プランクは、新しい物理の時代の到来を告げる、エネルギーに関する目には見えないほど微小な最小単位、「量子」の存在を一九〇〇年に提唱し、心ならずも革命家となった。続く三〇年間で、特殊および一般相対性理論、量子力学、そして膨張宇宙が次々と提唱される。

近視眼的な失言の前例がこれだけいろいろあるのだから、多くの業績を残している卓越した物理学者であるリチャード・ファインマンは、もっと慎重になれたはずだとあなたは思われるかもしれない。一九六五年に出版された『物理法則はいかにして発見されたか』という面白い本で、彼はこのように宣言している。

まだ次々と発見ができる時代に生きているわれわれは幸運です。……われわれが生きている時代は、自然に関する基本的な法則が発見されている時代です。わくわくするし、すばらしいが、この興奮は、いつかは終わらねばなりません。(Feynman 1994, p. 166)

わたし自身は、科学の終焉がいつ訪れるのか、終焉はどこに見出されるはずなのか、あるいは、終焉というものが本当に存在するのかについて、特に何を知っているというわけではない。だがわたしには、人間という種(しゅ)は、われわれが自分で通常認めるよりもはるかに愚かだということはわかっており、科学そのものに限界があるかどうかは別として、人間の頭脳の能力にはこのような限界があるということから、人間は今ようやく宇宙とはどのようなものかについて知りはじめたばかりに違いないと思われる。

さしあたって、人間は地球で最も賢い種だと仮定しよう。議論しやすいように、「賢い」とは、その種が抽象数学を扱えるという意味だと定義するなら、一歩進めて、人間はこれまでに登場した唯一の賢い種だと仮定することもできよう。

地球の生物の歴史に登場した最初で唯一の賢い種が、宇宙はどのように在るのかを完全に理解するに足るほど賢い可能性はどの程度あるのだろう？　チンパンジーは、進化論的に言って人間に極めて近い種だが、チンパンジーをどれだけ教育しても、三角法の問題をすらすらと解けるようにはならないことは誰もが同意するだろう。では、チンパンジーに比べて人間が賢いのと同じだけ、人間より賢い種が、地球、あるいは、ほかのどこかに存在すると想像してみていただきたい。彼らは、宇宙について、どの程度理解できるのだろう？

三目並べ（訳注　3×3の升目に○と×を並べるゲーム。縦・横・斜めのいずれか一列に三個自分のマークを並べたほうが勝ち）が好きな人たちは、このゲームはルールがとても単純なので、毎回必ず勝てる——最初にどんな手を打つかを間違えなければ——ということを知っている。だが、小さい子どもたちがこのゲームをやるときは、どんな結末になるか見当も付かないという様子だ。チェスの試合にしても、交戦のルールはやはり明確で単純だが、相手がこの先どんな一連の手を打ってくるかは、試合が進むにつれて、ますます予測困難となる。だから、大人たちは——頭が良く、チェスの才能のある人さえもが——チェスはとても難しいと感じ、結末はまるで謎であるかのように感じながらゲームをする。

アイザック・ニュートンについて考えてみよう。わたしにとって彼は、この世に生まれた最も賢い人間の筆頭に来る人物だ（このように考えているのはわたしだけではない。イギリスのケンブリッジ大学トリニティー・カレッジにある彼の胸像には、「Qui genus humanum ingenio superavit」との銘がある。これは、おおよそ「すべての人間のなかに、これ以上の知性は存在しない」という意味のラテン語である）。ニュートンは、自分の知識をどの程度のものと見ていたのだろうか？

世間にわたしがどのように見えるのかはわからないが、わたし自身としては、自分は浜辺で遊んでいる少年のようなもので、真実の大海がまだ発見されぬまま眼前に広がっているにもかかわらず、普通より余計につるつるした小石や、とりわけきれいな貝殻をときおり見つけては興じているに過ぎない。（Brewster 1860, p. 331）

われわれの宇宙というチェス盤は、そのルールの一部を示してくれたものの、宇宙の大部分は依然として不可思議な振舞いをしている——宇宙が従っている秘密のルールがまだ隠されているかのようだ。これらの規則は、われわれがこれまでに書きあげたルール・ブックには載っていないだろう。

既知の物理法則の範囲内で振舞う物体や現象に関する知識と、物理法則そのものに関する知識とを区別することは、科学の終焉は近いのではないかと主張するならば押さえておかねばならない論点である。火星、あるいは、木星の衛星、エウロパを覆う氷の層の下に生物が発見されたとしたら、それはあらゆる種類の発見のなかでも最大のものとなるだろう。しかし、その生物の原子が従う物理学と化学は、地球上の原子の物理学と化学とまったく同じであることは間違いない。新しい法則などまったく必要ない。

だがここで、今のわれわれの無知さ加減が、どれだけ広く深いものかを如実に示す未解決問題をいくつか、現代天体物理学の暗部から取り上げて、少し見てみよう。何らかのまったく新しい物理学の分野が発見されるまではおそらく解決することができない、そんな問題である。

宇宙はビッグバンに始まったとする説明には、われわれはかなりの自信を持っているが、その一方で、われわれから一三七億光年の距離にある宇宙の地平線の向こう側に何があるかについては、推測するほかない。ビッグバンの前に何が起こったのか、あるいは、そもそもどうしてビッグバンが起こる必要があったのかについては、想像するしかない。量子力学から来る制約に基づく予測のなかには、われわれの膨張宇宙は、泡の塊だった原初時空で起こった無数の揺らぎのなかの、たったひとつの揺らぎの結果生じたのだとするものがいくつかある。ほかの揺らぎからも、ほかの宇宙が無数に生まれたのだという。

さらに、ビッグバンからしばらく経ったころに、宇宙に数千億個の銀河が形成される様子をコンピュータで記述しようとすると、初期の宇宙に関するデータと、時間が経過してからの宇宙に関するデータとの辻褄(つじつま)が、いまだにうまく合わないのである。宇宙の大規模な構造の形成と進化を一貫した方法で記述することに、われわれはまだ成功していない。どうも、パズルの大事なピースがいくつか足りないようなのだ。

ニュートンの運動と重力の法則は、数百年ものあいだ何ら問題ないように思えたが、とうとうアインシュタインの運動と重力の法則――相対性理論――による修正が必要となった。今では相対論が君臨している。原子と原子核の世界を記述する手段である量子力学も、今は支配的な地位にある。だが、問題があって、アインシュタインの重力の法則は、量子力学と矛盾すると考えられているのである。両者が重なり合うであろうと考えられる領域について、それぞれが異なる予言をしている。どちらかが譲らなければならないというわけだ。アインシュタインの重力理論に何か欠けたところがあって、それを考慮すれば量子力学の教義を受け入れられるようになるか、あるいは、量子力学に何か欠けた点があって、それを解決することによってアインシュタインの重力理論を受け入れることができるかのいずれかであろう。

第三の選択肢もあるかもしれない。両者に取って代わる、より大きく包括的な理論が必要だとする立場だ。実際、ひも理論は、まさにこのために発明され、求められているのである。ひも理論は、すべての物質、エネルギー、そしてそれらの相互作用の存在を、エネルギーのひもがより高い次元で行なっている振動という単純な描像で表そうとする。単なる振動のモードの違いが、われわれが存在している次元の低い時空では、異なる粒子や力として現れるのだという。ひも理論には、二〇年以上にわたって支持者がいるものの、その形式を検証するためのわれわれの実験能力は、ひも理論が主張することを確かめられるところまでいまだに到達していない。懐疑的な論調も盛んに聞かれるが、それでも多くの人々が希望を抱いている。

また、どのような状況や力があって、それ自体は生命を持たない物質が、われわれが知っているようなかたちの生物としてまとまったのかにしても、われわれにはまだわかっていない。われわれが地球上での知識を元に構築した生物学と対比させて考えられるような、別の生物学がないがために見逃している、何らかのメカニズムや、化学的自己組織化の法則が存在しており、したがってわれわれには、生命というものの形成に、何が本質的で、何が無関係なのかを判別することはできないということなのだろうか？

一九二〇年代にエドウィン・ハッブルが行ない、その後大きな影響を及ぼした独創的な研究以来、われわれは宇宙が膨張しているということは知っていたが、さらに、宇宙の膨張が加速しているということは、つい最近わかったばかりである。加速をもたらしているのは、「ダーク・エネルギー」と名づけられた、重力に反発するように働く何らかの圧力、つまり、何らかの反重力的な圧力なのだが、これを説明できるような有効な仮説はまだひとつもない。

自分たちの観察、実験、データ、そして理論に、われわれがどんなに自信を持っているとしても、結局、宇宙のすべての重力の八五パーセントは、われわれが宇宙を観察するために考案したあらゆる手段をもってしても依然としてまったく検出できない、未知の不可解な源から来ていると認めざるをえない。わたしたちが知るかぎりでは、それは、電子、陽子、中性子、あるいは、これらの粒子と相互作用する何らかの物質やエネルギーなど、通常のものではできていない。この、幽霊のようにつかみどころのない、いらいらさせられるような物質を、われわれは「ダーク・マター」と呼んでおり、これはあらゆる謎のなかでも最も大きなもののひとつとして残ったままである。

ここまで紹介してきた話の、どれかひとつでも、科学の終焉をにおわせるようなものがあっただろうか？　われわれが状況を掌握していると思える話があっただろうか？　われわれが人間の成果に感心して喜ぶべき時が来たと思わせるような話が、ひとつでもあっただろうか？　わたしには、われわれはみなどうしようもない愚か者で、ピタゴラスの定理を学ぼうとしている、われわれに近い親戚、チンパンジーとそれほど変わらないように思える。

もしかしたらわたしは、ホモサピエンスに対して少し厳しすぎ、チンパンジーの喩えを不適切なまでに押し広げてしまったのかもしれない。おそらく問題は、あるひとつの種のある個体がどれだけ賢いかということではなくて、種全体の集合として捉えたとき、脳の能力がどれくらい優れているかということなのだろう。さまざまな会議や、書物その他のメディア、そしてもちろんインターネットによって、人間は自分たちの発見を常に他の人間たちと分かちあっている。ダーウィン的な進化は自然淘汰によって進むが、人間の文化は、ほとんどラマルク的に発展する。つまり、人間の新しい世代は、過去の世代が発見によって獲得した事柄を受け継ぎ、宇宙に関する洞察を無限に蓄積することができるのである。

したがって、一つひとつの科学の発見が、知識の梯子(はしご)の横木となり、歴史が続くかぎり人間はこの梯子を伸ばしつづけていくのだから、われわれは梯子の先端を見ることはできない。だが、わたしは思う。人間はこの梯子をどんどん伸ばしながら昇っていき、いつまでもいつまでも宇宙の秘密を解き明かしつづけるだろう——一つひとつ、ゆっくりと着実に。

第1部

知識とは何か

宇宙について何を知ることができるのか見極める難しさ

第1章　冷静になって、人間の感覚について考える

五感を備えた人間は、自らの周囲にある宇宙を探り、この行為を科学と呼ぶ。
――エドウィン・P・ハッブル（一八八九 - 一九五三）、『科学の性質』

五感のなかで、われわれにとって最も大きな意義を持っているのは視覚である。眼があるからこそわれわれは、部屋の反対側からの情報のみならず、宇宙の彼方（かなた）からの情報を受けとり認識することができる。視覚がなければ、天文学という科学が生まれることもなかっただろうし、われわれが宇宙のなかでの自分たちの位置を測る能力も、これほどまでには発達しなかっただろう。コウモリのことを考えてみていただきたい。コウモリが、どんな秘密を世代から世代へと伝えるにしても、それは夜空がどのように眼に見えるかに基づいたものではありえないことは確かだ。

一組の実験器具として見ると、われわれの五感は、驚異的な鋭敏さと検出範囲の広さに恵まれている。われわれの耳は、スペースシャトル打ち上げ時の轟音を聞くことができる一方で、頭から三〇センチ離れたところを飛んでいる蚊の羽音を捉えることもできる。触覚は、足の親指の上にボウリングの球が落ちたときのものすごい衝撃をわれわれに感じさせるが、重さ一ミリグラムの羽虫が腕の上を這う(は)のが感じられるのもそれと同じく触覚のおかげだ。世界一辛(から)いと言われるハバネロ・ペッパーをむしゃむしゃ食べるのが何より好きな人もいれば、味覚が敏感で、食品用香料が一〇〇万分の一の濃度で使われているのを感じる人もいる。そしてわれわれの眼は、天気のいい日に浜辺で日光を受けて輝いている砂地を認識できるが、その同じ眼は、真っ暗な講堂のなかで、数メートル離れたところで灯されたばかりの一本のマッチを苦もなく見つけることもできる。

だが、自慢が過ぎないうちに、人間は感知できる刺激の範囲が広い分、それだけ刺激の強さを判定する精度が低い、ということを押さえておかねばならない。われわれは世界のさまざまな刺激を、その大きさに比例して感知するのではなく、対数的に感じるのである（つまり、たとえば、大きさが一〇〇倍になれば二倍、一〇〇〇倍になってもやっと三倍の強さにしか感じない）。たとえば、音のエネルギーを一〇倍にして音量を高めても、この変化は耳にはごくわずかなものにしか感じられない。二倍にしたくらいでは、ほとんど気づかないだろう。これと同じことは、われわれが光の強さを測るときにも起こる。あなたが皆既日食を見た経験がおありなら、空が暗くなったとみんなが言い出すには、太陽の円の少なくとも九〇パーセントが月に覆われなければならないと気づかれたかもしれない。恒星の明るさの等級尺度、デシベルという単位で表される音響の尺度、そして、地震の大きさを表すマグニチュードは、どれも対数になっているが、その理由のひとつは、われわれが世界を見、聞き、感じるという能力に、生物学的にそのような性質があるからなのだ。

われわれの五感を超えたところに何かあるとしたら、それはどのようなものなのだろう？　われわれが生物として備えている環境との接点である五感を超越した、「知る」ための何らかの方法が存在するのだろうか？

人間が機械だとしたら、それは、たとえば今は昼間なのか夜なのか、とか、ほかの生き物が取って食おうと迫っているだとか、身近な環境の基本的な情報を解読するのは得意だが、科学に基づくツールなしには、自然に関するそれ以外の情報を解読する能力はほとんどないと見なすべきだろう。外の世界で何が起こっているかを解読するには、生まれつき備わっている検出機能以外の検出装置が必要となる。ほとんどすべての場合、科学的な装置が担っているのは、われわれの五感の検出可能範囲と検出感度を超越するという仕事なのだ。

自分は第六感を持っていると吹聴している人たちがいる。ほかの人が気づいたり見たりできないことを自分は気づき、見ることができるというのだ。摩訶不思議（まかふしぎ）な能力を持っていると豪語する人々の筆頭にあげられるのが、占い師、読心術者、神秘主義者たちだ。そんな主張をすることで、彼らは多くの人々、特に、出版業者やテレビのプロデューサーたちを惹きつける。超心理学という幾分いかがわしい分野は、少なくとも一部の人間にはそのような能力が備わっているのではないかという期待の上に成り立っている。わたしにしてみれば、第六感を持っているという人々についての最大の謎は、これほど大勢の霊能者たちが、未来を予測できるにもかかわらず、ウォールストリートで先物取引をやって即座に大金持ちにならないで、テレビの身の上相談電話サービスに従事することを選んでいるのはどうしてか、ということである。それに、「霊能者、くじで大当たりする」という見出しを新聞で見たことなど、誰もないのだ。

　この謎とはまた別のことではあるが、超心理学の主張を確かめる目的で行なわれる二重（にじゅう）盲検法（もうけんほう）による実験がことごとく失敗に終わっていることは、第六感（シックスセンス）による現象が起こっているのではなくて、でたらめ（ナンセンス）なことが行なわれているだけだということを物語っている。

　これに対して、現代科学では何十種もの「感覚」を駆使する。しかも科学者たちは、それを特殊な能力の表れだなどと言ったりせず、ただ特殊な機械装置（ハードウェア）を使っているだけだとちゃんと説明する。もちろんその機械装置は、そんな特殊な「感覚」によって集められた情報を、われわれが生まれつき備えている感覚で解釈できる、単純な表、チャート、図形、あるいは画像などに最終的に変換するのである。SFテレビ番組『スター・トレック』の初代シリーズでは、宇宙船から転送(ビーム)されて未知の惑星に降り立った艦隊士官(クルー)は、必ずトリコーダーを携帯していた。これは、彼らが遭遇するあらゆるものについて、それが生物なのか無生物なのか、そしてどのような基本的性質を持っているのかが分析できる携帯用小型探知装置だ。調べたい物体にかざすと、トリコーダーは「ピョー」というような奇妙な音を立て、使用者はそれを聞いて物体が何か判別するのだった。

何でできているかまったく不明な光る塊(かたまり)が、われわれの前に置かれているとしよう。トリコーダーのような判定装置を持っていなければ、この塊の化学組成(そせい)や核構成がどのようなものなのか、何の手がかりもない。それが電磁場を伴っているのか、あるいは、ガンマ線、X線、紫外線、マイクロ波、ラジオ波などを強力に放出しているのかもわからない。塊が、細胞あるいは結晶を含んでいるとして、それらの構造にしたってわからない。塊が宇宙空間にあって、まだはっきりとは捉えられていない、空にあるただの点にしか見えていないという状況なら、われわれの五感は、それがどれだけの距離離れているのか、宇宙空間をどんな速度で移動しているのか、回転速度はどれくらいなのかについて、何ら情報を提供してくれないだろう。塊が発する光が、どんなスペクトルを持った色なのか、偏光(へんこう)しているかどうかについても、われわれは知る術(すべ)を一切持っていない。

われわれの分析を助けてくれる機械装置もなく、そして、こいつを舐めてみようかという気持ちも特に起こらなければ、宇宙船に報告できるのは、「キャプテン、塊があります」ということだけだ。ハッブルには申し訳ないが、本章の冒頭に掲げた彼の文章の引用は、感動的で美しいけれども、彼はこう書くべきだったのだ。

生まれつき備わった五感のほかに、望遠鏡、顕微鏡、質量分析計、地震計、磁力計、粒子加速器、そして電磁波スペクトルの全域をカバーする何台かの電磁波検出器を装備して、われわれは自らの周囲にある宇宙を探り、この行為を科学と呼ぶ。

もしも人間に、高精度可変同調型の眼球が生まれつき備わっていたなら、世界は今よりもどれだけ豊かに見え、宇宙がどのようなものなのかについて、どんなに早く発見できたかを考えてみていただきたい。光のスペクトルの、ラジオ波領域の感度を上げたなら、昼間の空はまるで夜のように暗くなる。その暗い空には、いて座を構成する主な恒星たちの背後に位置する、銀河系の中心をはじめ、有名な明るいラジオ波源がいくつも点々と光っている。マイクロ波領域に同調させれば、今度は宇宙全体が、ビッグバンの三八万年後の姿をとどめた光の壁画となって、原初宇宙の名残を映して輝く。X線領域に同調させればただちに、物質が渦を描きながら落ち込んでいくブラックホールがどこにあるのか見ることができる。さて、ガンマ線に同調させてみよう。ほぼ一日一回というペースでとほうもなく大きな爆発が起こり、宇宙全体に広がっていくのが見えるだろう。この爆発の影響で、周囲の物質は温度が上昇し、周波数の異なる光を発しながら輝くのが観察できるはずだ。

もしもわれわれに生まれつき磁気検出器が備わっていたなら、方位磁石など必要なく、そんなものが発明されることもなかっただろう。地球の磁力線に感度を合わせれば、磁北のあたりが、地平線の向こう側に、まるで『オズの魔法使』のようにぼおっと明るく浮かびあがる。また、網膜にスペクトル・アナライザが付いていたなら、どんな空気を吸っているのか心配する必要などなかっただろう。メーターを見さえすれば、空気のなかに人が生きていけるだけの酸素があるかどうか、即座に判定できただろうから。そして、銀河系のなかに存在しているいろいろな恒星や星雲には、地球に見られるのと同じ各種の化学元素があることが、数千年も昔にわかっていただろう。

そしてまた、物体の運動が検出できるドップラー探知機を内蔵した巨大な眼が、われわれに生まれつき備わっていたなら、世の中に不満を感じて隠遁生活を送っている人間でさえも、遠くにある銀河がすべて自分から遠ざかっているのが見え、宇宙全体が膨張していることが即座に見て取れたはずである。

われわれの眼が高性能顕微鏡なみの分解能を持っていたとしたら、伝染病やその他の病気を神の怒りのせいにする者など誰もいなかっただろう。病気を引き起こすバクテリアやウイルスが、食べ物の上を這いまわっている様子や、皮膚にぱっくり開いた傷口からもぐり込むのがはっきりと見えるだろう。簡単な実験をすれば、これらの微生物のうち、どれが悪者でどれが無害なのか、すぐに見分けが付くはずだ。そして、術後感染の問題にしても、何百年も前に発見され、解決されていたに違いない。

もしもわれわれに高エネルギー粒子を検出することができたなら、放射性物質を遠方から見つけられただろう。ガイガー・カウンターなどまったく必要なかっただろう。家の地下室にラドン・ガスが流れ込んでいることだって、高い料金を払って誰かに調べてもらわなくともわかっただろう。

われわれは生まれたときから子ども時代を通して、感覚を研ぎ澄ましていき、大人になったころには、生活のなかで出くわす事件や現象を見極め、それが「意味をなす」かどうか判断できる。問題は、この一〇〇年間で行なわれた科学的発見で、五感を直接利用してなされたものはほとんどないということだ。これらの発見をするのに直接利用されたのは、感覚を超越した数学や機械装置なのである。この単純な事実こそが、相対論、素粒子物理学、そして一〇次元ひも理論などが、普通の人にはまったく意味をなさない理由である。意味をなさない科学的発見のリストには、ほかに、ブラックホール、ワームホール、ビッグバンも含まれる。じつのところこれらの概念は、科学者にとってさえ、あまり意味をなすとはいえない。いえるとしてもそれは、少なくとも、技術的に利用可能な「感覚」を総動員して、長い時間をかけて宇宙を調べ、やっと意味をなすに過ぎない。こうしてようやくできあがるのが、より新しく、よりレベルの高い「常識」であって、ここに到達できれば、科学者たちはこれを使って創造力を存分に働かせて考えぬき、われわれにはまったく馴染みのない、原子のうごめく謎の世界や、精神に変調をきたしそうな高次元空間のなかで、判断を下すことができるのである。二〇世紀のドイツの物理学者、マックス・プランクは、量子力学の発見に関して、これと似たような意見を述べている。

新しい物理学は、特に、ある古くからの教訓によってわれわれを感心させる。それは、われわれが五感で感知する事柄とはまったく異なる現実（リアリティー）が存在し、また、われわれにとってこれらの現実が、経験世界の最高の宝物よりも大きな価値を持つような、問題や矛盾が存在するという教訓だ。(1931, p. 107)

われわれの五感は、「森のなかで一本の木が倒れるとき、近くでその音を聞く者が誰もいなかったとしたら、それは音を立てるだろうか？」というようなばかげた形而上学（けいじじょうがく）的な質問に対して、どういう気の利いた答えをするかにも関わってくる。わたしが一番気に入っている答えは、「どうやって木が倒れたことを知るんだ？」というものだ。しかし、そんなふうに答えても、相手は怒るだけだろう。そこでわたしは、これに似ているが、もっとばかばかしい問答があると教えてやる。「質問　一酸化炭素は臭いがしない。では、どうすれば一酸化炭素が発生しているとわかるだろう？　答え　死んでしまえば、そうだとわかる」というのがそれだ。現代社会においては、「そこで何が起こっているのか」について、自分の五感以外に判定する手段を持っていないなら、危険な毎日を過ごさねばならないのである。

知るための新しい手段が発見されるたびに、宇宙に面した新たな窓が開かれてきた。その窓からわれわれは、生物として生まれ持った以外の「感覚」を利用して宇宙を覗くのであり、しかもそのような「感覚」は、次々と増えていく。このような窓が開く都度、宇宙の新たな側面での壮大さや複雑さが眼前に広がり、まるでわれわれは、常に正しい判断が可能な、研ぎ澄まされた感覚を持つ存在へと、技術によって進化しているかのようである。

第2章　地上でも宇宙でも同じ

アイザック・ニュートンが万有引力の法則を書き下すまでは、地球上の物理法則が、宇宙のほかのすべての場所のものと同じだと考える理由はほとんどなかった。地球の上では地上特有の下卑たことが起こっていて、天空では天上にふさわしい高貴なことが起こっているのだとされた。それどころか、当時の多くの学者によれば、天空のことは、死を免れぬわれわれのお粗末な精神には知ることとすらできないのだった。第7部で詳しく説明するが、ニュートンがあらゆる運動を理解可能かつ予測可能にすることによってこの哲学的な壁を破ったとき、神学者のなかには、ニュートンは創り主たる神の仕事を一切残さなかったと批判する者もいた。ニュートンがその洞察によって知ったのは、熟したリンゴを引っ張って枝から落とす引力が、空中に投げた物体を引っ張って曲線軌道に沿って導き、また、地球を回る軌道に沿って月を公転させるということだった。ニュートンの万有引力の法則

（重力の法則）はまた、惑星、小惑星、彗星を、太陽を回る軌道を公転するよう導き、さらに、われわれの天の川銀河のなかで数千億個の恒星を軌道上で運行させている。

物理法則が持つこの普遍性のおかげで、科学上の発見は、ほかに比べるものがないほどものすごい勢いで進んだ。そして、万有引力は最初の一歩に過ぎなかった。一九世紀、光線を分割して色彩のスペクトルを作り出すプリズムが初めて太陽に向けられたとき、天文学者たちがどれほど興奮したかを想像してみてほしい。スペクトルは美しいだけでなく、光を放射する物体について、その温度や化学組成など、さまざまな情報を含んでもいる。化学元素のスペクトルには、それぞれの元素に固有の輝線や暗線が現れ、逆にそのような輝線や暗線から、光源にどのような元素が存在しているのかを知ることができる。そして科学者たちが喜び感激したことに、化学元素に固有のスペクトルは、太陽の上でも、地球の実験室のものとまったく同じだったのである。もはや化学者だけの道具ではなくなったプリズムは、太陽は、大きさも、質量も、温度も、位置も、姿も、地球とはまったく異なっているけれども、太陽にも地球にも同じもの――水素、炭素、酸素、窒素、カルシウム、鉄など――が存在していることを示した。だが、共通する元素がひじょうにたくさんあるという発見よりもはるかに重要なのは、元素固有のスペクトルを太陽上で決定するのがどのような物理法則であるにせよ、それと同じ法則が、太陽から一億五〇〇〇万キロメートル離れた地球の上でも働いているのがわかったことだった。

この、物理法則が天上でも地上でも適用されるという事実はたいへん有効性が高く、逆方向に適用しても見事な成果をもたらした。つまり、太陽のスペクトルをさらに分析することによって、地球上ではまだ発見されていなかった元素に相当する固有スペクトルが特定されたのである。この元素は、太陽のものということから、ギリシア語のヘリオス（「太陽神」の意味）を元に命名された。それが地球上の実験室で発見されたのは、そのかなりあとのことであった。こうして「ヘリウム」は、周期表のなかで、地球以外の場所で発見された最初で唯一の元素となったのである。

なるほど、物理法則が太陽系全体で成り立っているのはわかった。しかし、銀河系全体ではどうなのだろう？　宇宙全体では？　それに、時を超えて成り立つのだろうか？　物理法則は、一歩一歩段階的に検証されていった。近くにある複数の恒星でも、やはり同様の化学物質が確認された。遠方の連星は、二つの恒星が重力で引きあって互いに周回しあっており、やはり、ニュートンの万有引力の法則に完全に従っているようだ。連銀河も同様に、この法則に従っているようである。

そして、地質学者が調べる堆積層で、深い層ほど遠い過去に対応するのと同じように、宇宙の遠くを見れば見るほど、それだけ遠い過去を見ていることになる。宇宙の最も遠方にある物体からのスペクトルも、化学組成を示す固有スペクトルは、宇宙のほかのあらゆる場所で見られるものと同じである。重い元素が、遠い昔にはごくわずかしか存在しなかったのは確かだ――重い元素のほとんどが、のちの世代の恒星が爆発する際に形成されるのである。だが、これらの固有スペクトルをもたらした原子や分子のプロセスは、まったく変化していない。

もちろん、宇宙のすべての物や現象に対応するものが地球上にも見られるというわけではない。一〇〇万度という高温で輝くプラズマのなかを歩いたことのある人や、道を歩いていてブラックホールに出くわした人も、読者のみなさんのなかにはいらっしゃらないだろう。重要なのは、これらを記述する物理法則の普遍性なのだ。スペクトル分析の手法が初めて星間(インターステラー・ネビュラ)雲に適用されたとき、かつて太陽でヘリウムが見つかったように、地球には対応物がまだ発見されていない元素に由来するスペクトル・データが現れた。だがそのころ周期表には、埋まっていない場所はもう残っていなかったのである。ヘリウムが発見された当時には、そんな穴が周期表にいくつもあったのだが。そこで天体物理学者たちは、実際には何が起こっているのかが判明するまで、その謎の元素を仮に「ネブリウム」と名づけた。やがて、宇宙空間では、ガスからなる星雲はひじょうに希薄な状態になっており、個々の原子は、ほかの原子とぶつかることなく、長い距離を進むのだということが明らかになった。このような状況では、電子は、原子に対して、地球上の研究室ではそれまで一度も観察されたことのないような作用を及ぼす。ネブリウムは、ごく普通の酸素が極めて珍しい振舞いをしている状態の表れに過ぎなかったのである。

もしもわれわれがほかの惑星に降り立ったとして、そこではまったく異質な文明が栄えていたとすると、異星人たちは、われわれとは異なる社会的・政治的信条を抱いているとしても、物理法則がこれほどまでに普遍的であることからすると、彼らもわれわれが地上で発見し検証してきたのと同じ物理法則のもとで生活しているだろう。さらにいうなら、異星人たちに話しかけたいと思ったとして、彼らは英語やフランス語はもちろん、中国標準語だって話さないことは確かだ。それどころか、握手――彼らが握りあえる手を持っているとしての話だが――ですら、敵意と好意のどちらを示す行動なのかわからない。一番期待がもてるのは、科学の言葉を使ってコミュニケーションする方法を見出すことだ。

そのような試みが、太陽系の引力を逃れるに十分な速度を与えられたただ四機の宇宙探査機、パイオニア一〇号と一一号、ボイジャー一号と二号を使って、一九七〇年代に行なわれた。パイオニアは、われわれの太陽系の配置、天の川銀河のなかでのわれわれの位置、そして水素原子の構造を示す絵文字を描いた金色の金属板を載せていた。ボイジャーではさらに、人間の心臓の鼓動、クジラの「歌」、そしてベートーベンからチャック・ベリーにいたるまでのいろいろな音楽など、母なる地球のさまざまな音を録音したレコードを搭載した。これで一段と人間味あふれるメッセージを運ぶことになったのではあるが、異星人たちの耳は――そもそも彼らに耳があるとしてだが――、これを聞いてそれが何かわかるのかどうかは定かではない。この取り組みを茶化した寸劇でわたしが気に入っているのが、ボイジャー打ち上げの直後に『サタデー・ナイト・ライブ』でやっていたやつだ。ボイジャーが着陸した星の異星人からNASAに返事が届く。文面は、「チャック・ベリーをもっと送ってくれ」というシンプルなものだった。

第3部でさらに詳しく見るが、科学が順調に発展を続けているのは、物理法則の普遍性のおかげだけではなく、物理定数というものが存在し、それらがほんとうに一定のまま持続しているおかげもある。たいていの科学者が「大文字のG」と呼ぶ万有引力定数（重力定数）は、ニュートンの万有引力の方程式に、引力の大きさが具体的にどんな値になるかを与えるものであり、長い時間が経過するあいだに変化していないかどうか、それ自体が目的ではないが、ほかの検証と並行して調べられてきた。計算すれば、恒星の光度は「大文字のG」に応じて大きく変化することがわかる。言い換えれば、過去に「大文字のG」が少しでも今と違う値だったことがあったなら、太陽からのエネルギー出力は、生物学的、気候学的、あるいは地質学的なあらゆる記録が示しているよりも、はるかに大きく変動していたはずだ。じつのところ、時の経過や場所によって変化するような基本的な物理定数は知られておらず、わたしたちの宇宙は、物理定数はほんとうに一定不変であるようだ。このようなものなのである。

光の速度は、すべての定数のなかでも、最も有名なものであることは間違いないだろう。あなたがどんなに速く動いても、光線に追いつくことは絶対にできまい。だが、どうしてできないのだろう？　どんな状態の物体を使って行なわれたどんな実験も、物体が光の速度に到達したと示したことなどない。十分検証されたいくつかの物理法則が、このことを予言し、説明している。偏狭（へんきょう）なことを言うものだ、と思われるかもしれない。これまでに、科学に基づいてはいるものの、発明者や技術者の独創性を過小評価した発言が、のちに間違っていると判明して、発言者がひじょうに気まずい思いをしたという話がいくつもある。「人間は飛ぶことなど絶対にできない」。『空を飛ぶ』という行為が商業的に成り立つことなどありえない」。「人間は音より速く飛ぶことは決してできない」。「原子を分割することは不可能だ」。「人間が月へ行くことなど絶対に無理だ」。読者のみなさんもそんな発言を聞いたことがあるだろう。これらの発言のどれを取っても、それを妨げるような確立した物理法則は存在していない。

だが、「われわれは光線を追い越すことは決してできない」という主張は、予測として、これらの発言とは質的に異なる。この主張は、時の経過のなかで検証された、基本的な物理の原理から導きだされるものだ。これには疑いを差し挟む余地がない。未来の星間旅行者たちが見る標識には、次のように書いてあるに違いない。

光速は、賢い選択ではなくて、法則だ。

物理法則のいいところは、維持するのに法執行機関など必要ないという点だ。もっとも、かく言うわたしも以前、「引力に従え」と大きな文字で書かれたばかなTシャツを持っていたことがあるが。

多くの自然現象は、同時に作用する複数の物理法則の相互作用が現れたものである。このため、そのような自然現象を解析するのはしばしば困難となり、たいていの場合は、いろいろな事柄を計算し、重要なパラメータを追跡するにはスーパーコンピュータが必要となる。一九九四年、シューメーカー＝レヴィ第九彗星が木星の濃厚な大気に突入してそのなかで爆発した際、この衝突の展開を事前に最も正確に予測したコンピュータ・モデルは、流体力学、熱力学、運動学、そして重力の法則を組み合わせたものだった。気候と天候も、複雑な（そして予測困難な）現象の筆頭に来る例だ。しかし、それらを司る基本的な物理法則が働いていることには変わりない。この三五〇年間にわたって木星に存在しつづけている高気圧性の激しい渦巻きである大赤斑は、地球をはじめ、太陽系のあらゆる場所で嵐を起こしているのと同じ物理的プロセスによって維持されているのである。

何が起ころうと、ある種の物理量は絶対に変化しないという保存則も、物理法則、物理定数と並ぶ、また違った種類の普遍的真理だ。最も重要な三つの保存則は、質量とエネルギーの保存、運動量と角運動量の保存、そして電荷の保存である。これらの保存則は、地球上で成り立っていることははっきりしており、さらに、われわれが観察したつもりでいる宇宙のあらゆる場所――素粒子物理学の領域から宇宙の巨視的な構造にいたるまで――でも成り立っている。

と大見得（おおみえ）を切ったそばからこう言うのもなんだが、じつは天上にも困ったことはある。すでに述べたように、われわれは宇宙の重力の八五パーセントをもたらしているものを、見ることも、触ることも、味わうこともできない。この不可思議な「ダーク・マター」は、われわれに見える物質に重力を及ぼしているという以外、いまだに捉えられておらず、今後発見もしくは特定せねばならない、既知のものとはまったく異なる粒子からできているのかもしれない。しかし、ごく少数の天体物理学者たちは、これにまだ納得しておらず、ダーク・マターなど存在しない、ニュートンの万有引力の法則を変更すればいいだけだ、と主張している。この方程式にいくつか新たに要素を加えれば、すべてうまく収まるというのだ。

いつの日か、ニュートンの万有引力の法則にはほんとうに修正が必要なのだとわかることになるのかもしれない。それならそれでいいではないか。実際そんなことが一度起こっている。一九一六年、アルベルト・アインシュタインは、極めて大きな質量を持った物体に適用できるように引力の法則を書き換えた、一般相対性理論を発表したのである。ニュートンはまったく知らなかったことだが、極めて大きな質量を持った物体に関しては、彼の引力の法則が破綻してしまうのだ。以上のことからどんな教訓が得られるだろう？　それは、われわれがある物理法則に信をおけるのは、それが正しいと検証のうえ確かめられた、一定の範囲に限られる、ということだ。この範囲が広ければ広いほど、その法則は、宇宙を記述するより大きな力を持つことになる。日常生活で経験するような引力に対しては、ニュートンの法則は何ら問題なく適用できる。ブラックホールや宇宙の巨視的構造に対しては、一般相対性理論が必要だ。どちらの法則も、それぞれの領域では完璧に成り立つ。その領域が宇宙のどこにあろうとも。

科学者にとっては、物理法則の普遍性のおかげで、宇宙はすばらしく単純な場所となる。これに比べれば、人間性――心理学の領域――というものは、気が遠くなるほど複雑でめんどうだ。アメリカでは、学校の授業で何を教えるかを教育委員会で投票して決定するが、その投票は社会や政治の潮流、あるいは、宗教的な哲学に翻弄されることもある。世界中で、信念体系の違いが政治的な違いに発展しているが、その違いは必ずしも平和的に解決されるわけではない。そして、バス停の表示板の支柱に話しかけているのと同じことなのに、聞く耳を持たない相手を説得しようと必死に話しかけている人もいる。物理法則が際立っているのは、人間がそれを信じようと信じまいと、どんなときにも成り立つという点だ。物理法則のほかは、すべては一つの意見でしかない。

科学者たちが議論しないということではない。もちろんわれわれも議論する。しかも、ひんぱんに。だが、われわれが議論するときは普通、われわれの知識の最前線の事柄に関する不十分なデータの解釈を巡って互いの意見を表明しあっているのである。議論のなかで物理法則が持ち出されるときは、いつでもどこでも、討論はすぐ終わると決まっている。「いや、君が考えた永久機関は絶対にうまくいかない――熱力学の法則に反しているんだから」。「だめだめ、時間を遡(さかのぼ)って、君が生まれる前に君のお母さんを殺せるようなタイムマシンを作ることなんてできないよ――因果律に反しているんだから」。そして、運動量保存則に矛盾することなく、蓮華座(れんげざ)を組んでいようがいまいが、外からの助けなしに空中浮揚して、床から離れて空中に留まることなどできない。ただし、理屈のうえでは、腸が常時張っており、お尻からガスが勢いよく噴出しつづけるという状態を維持できるなら、そんな離(はな)れ業(わざ)を実演することも不可能ではないだろう。

物理法則を知っていることで、つっけんどんな相手に自信を持って反撃できることもある。何年か前、カリフォルニアのパサデナで、寝る前にホットココアを一杯飲もうと思って甘いもの屋に入った。わたしは、ホイップクリームをのせてくれと注文した。当然である。ところが、わたしのテーブルに運ばれてきたココアには、ホイップクリームの影も形もなかった。わたしがウエイターに、ココアにホイップクリームがのってないと言うと、彼は、クリームは底に沈んで見えなくなっただけだと言い訳した。しかし、ホイップクリームは密度がひじょうに低いので、人間が飲み物として味わうどんな液体に入れたときにも、必ず上に浮かぶのである。そこでわたしはウエイターに、この状況に対する説明は、この二つのどちらかしかありえないと言ってやった。わたしのホットココアにホイップクリームを入れるのを誰かが忘れたのか、さもなければ、この店では普遍的なはずの物理法則がよそとは違っているかのどちらかだ、と。ウエイターは訝(いぶか)しげに、ホイップクリームを少し持ってきて、自分で試してみた。クリームは、わたしのカップのなかで一、二回揺れたあと、尖った先端をまっすぐ上に向けて静かに止まり、浮かんだのだった。物理法則の普遍性を示すのに、これ以上の証明は必要ないだろう。

第3章　百聞は一見にしかずか？

一見こうだ、と思えるのに、実際にはそうではないことが宇宙にはあまりに多いので、もしかしたら、天体物理学者をまごつかせるための陰謀がずっと続けられているのではないかと、わたしはときどき訝しくなる。宇宙はそんな不可思議な例に事欠かない。

現代では、われわれが球形の惑星に暮らしているというのは常識となっている。しかし、数千年ものあいだ、物事を考える人たちには、地球は平らだという証拠は十分はっきりしていると思えたのだった。まあ、周囲を見まわしてみるといい。衛星画像がなければ、飛行機の窓から外を見るときでさえ、地球は決して平らではないと自分に言い聞かせるのはひじょうに難しい。地球の上で成り立つことは、非ユークリッド幾何学が統べるすべてのなめらかな面で成り立つ。つまり、「任意の曲面の十分小さな領域は、平面と区別できない」という幾何学の定理があるのだ。大昔、人々が生まれた土地を遠く離れて旅することなどなかったころには、地球は平らだという考え方が、自分の町は地球の表面のまさに中心にあり、地平線(自分の世界の果て)上のすべての点は自分から同じ距離だけ離れているという自尊心をくすぐるような見解を支持していたのである。予想にたがわず、平らな地球を描いたほとんどすべての地図で、その地図を制作した文明が中心に位置している。

今度は空を見上げてみてほしい。望遠鏡がなければ、いろいろな恒星がどのくらい遠くにあるかなどわからない。恒星は、伏せた黒いお椀の内側の面に貼りついているかのように、決まった位置関係を保ちながら、空を昇ったり沈んだりしている。だとしたら、それが具体的にどれくらいの距離かは別として、すべての恒星は地球から同じ距離だけ離れていると考えればいいのではないだろうか?

だが実際には、すべての恒星が地球から同じ距離にあるわけではない。そしてもちろん、空にお椀など存在しない。では、恒星は宇宙全体のあちこちに散らばっていると仮定しよう。だが、あちこちと言っても、どのくらい近くからどのくらい遠くまでなのだろう? 肉眼で見ると、最も明るい星は、最も暗い星の一〇〇倍以上明るく感じられる。では、暗い星は明るい星の一〇〇倍地球から離れているに違いない。

いや、そうではない。

この単純な主張は、すべての恒星は本来同じ明るさをしており、したがって当然ながら近くの星は遠くの星より明るく見えるという大胆な仮定に基づいている。ところがじつは、恒星の明るさには驚くほどの差があり、その違いは一〇の一〇乗倍にも及ぶ。そのようなわけで、最も明るい恒星が地球に最も近いわけではないのである。事実は、あなたが夜空で見る恒星の大部分は、恒星のなかでも極めて光度が高い種類のものであり、とほうもなく遠方にあるのだ。

では、われわれが見ている恒星が極めて光度が高いのなら、そのような恒星が銀河系全域に多く分布しているに違いない。

いや、それも違う。光度の高い恒星は、恒星のなかでもとりわけ珍しいのである。宇宙の任意の領域を見ると、そこでは必ず、光度の高い恒星は、光度の低い恒星よりもはるかに数が少なく、一〇〇〇分の一程度しかない。高光度星は驚異的な量のエネルギーを放出しているので、ひじょうに遠方からであっても、宇宙空間を越えて光が届くのである。

二つの恒星が、単位時間あたり同じ量の光を放射している（両者は光度が同じだという意味）が、一方の恒星は他方の恒星よりも、われわれから一〇〇倍も遠くにあるとしよう。近いほうの恒星が一〇〇倍明るいだろうと思われるかもしれない。だが、そうではない。それではあまりに単純すぎる。実際には、光の強度は距離の二乗に比例して弱まる。したがってこの場合は、遠方の恒星は、近くの恒星よりも一万倍（100^2倍）暗いことになる。この「逆二乗法則」の効果は、純粋に幾何学的である。すなわち、星の光が四方八方に広がるとき、光が作る球面は空間のなかで次第に大きくなってゆき、それに従って光は弱まってゆく。この球の表面積は、半径の二乗に比例して大きくなる（みなさんは、「球の表面積＝$4\pi r^2$」という幾何学の公式を覚えておられるかもしれない）ので、光の強度も同じ割合で低下するのだ。

わかった。すべての恒星がわれわれから同じ距離にあるわけではないし、同じ明るさをしているわけでもない。われわれが見ているのは極めて珍しい種類の恒星だ。だが、恒星が宇宙のなかで静止しているのは確かだろう。人々が数千年にわたって、恒星は「静止している」と思い込んでいたのは無理からぬことで、このような考え方は、聖書（「神はそれらを天の大空に置いて、地を照らさせ……」創世記一章一七節〔新共同訳〕）や、西暦一五〇年ごろに出版された、恒星は絶対に動かぬと主張して、クラウディオス・プトレマイオスが強力な論陣を張っている『アルマゲスト』のように、広範な影響を及ぼした書物にもはっきりと記されている。

要するに、天体がそれぞれ個別に運動するなら、地球から測定した恒星の距離は変化するはずだ。だとすると、恒星の大きさ、明るさ、ほかの恒星との相対的な位置関係は、毎年変わることになる。だが、そんな変化はまったく見られない。どうしてだろう？　それはただ単に、十分長い時間を置いて比較していないからだ。恒星が運動していることを最初に明らかにしたのは、エドモンド・ハレー（ハレー彗星で有名な天文学者）であった。一七一八年、彼は当時の恒星の位置を、紀元前二世紀のギリシアの天文学者、ヒッパルコスが記録したものと比較した。ハレーはヒッパルコスの記録を疑っていたわけではなかったが、それ以外にも、一八〇〇年以上を隔てた古代と当時の恒星の位置を比較できるような、絶大なる信用のおける同時代のデータが彼には利用できたのだった。比較してみて、ハレーはただちに、アルクトゥルス（訳注　うしかい座にある恒星）が一八〇〇年前の位置にはないことに気づいた。この恒星は実際に動いていたわけだが、それは、望遠鏡の助けなしに、ひとりの人間の生涯のなかで気づくほどの距離ではなかったのである。

天空にあるすべての存在のなかで、決して静止しているというふうを装いはしなかったものが七つある。これらの天体は大昔から、星空を背景にさまよう様子を見せていたので、ギリシア人たちから「planetes（放浪者）」と呼ばれた。みなさんも、七つすべてをご存知だろう（われわれが曜日を呼ぶ名前は、これら七つの天体にちなんだものだ）。水星、金星、火星、木星、土星、太陽、そして月である。古来、これらの放浪者たちは、ほかの天体よりも地球に近いと考えられており、それは正しかったのだが、それぞれが地球を中心として回転していると誤解されていた。

サモスのアリスタルコスは、太陽を中心とした宇宙を紀元前三世紀に初めて提唱した。しかし当時は、思慮深いすべての人々にとっては、惑星がいかに複雑な運動をしているようとも、惑星も、その背景にあたるすべての恒星も、地球の周りを回転していることは明らかだった。もしも地球が動いているなら、われわれは絶対にそれと感じるはずだ、というわけである。当時よく口にされた主張には、次のようなものがあった。

●地球が一本の軸を中心にして回転していたり、空間のなかを移動したりしていたなら、空の雲や飛んでいる鳥は、後方に取り残されるのではないか？（そんなことは起こっていない）

●人間が真上に跳び上がったなら、そのあいだ地球は足の下で動いているのだから、その人間はまったく別の場所に着地するのではないか？（人間は同じ場所に着地する）

●そして、もしも地球が太陽の周りを回転しているなら、われわれが恒星を見る角度は連続的に変化するのだから、恒星は天球上で位置を変えるように見えるのではないか？（恒星の位置は変わらない。少なくとも、目に見えるほどは変わっていない）

反対論者たちが挙げた証拠は、たいへん説得力があった。はじめの二つの反論は、のちにガリレオ・ガリレイによって、人間や物体が空中にあるあいだ、それらのものも、大気も、そして周囲のすべてのものも、自転し、かつ公転している地球の動きに伴って、それと同じ方向に動かされているのだということが示される。これと同じ理由で、あなたが飛んでいる飛行機の通路に立って跳び上がったとしても、あなたは後ろに並んだ座席を勢いよく通り過ぎてトイレのドアに激突してようやく止まる、という災難に遭ったりはしない。三つめの反論については、理屈は何ら問題なく正しい——ただ、恒星はとほうもなく遠方にあるので、季節による恒星の位置の変化を見るには強力な望遠鏡が必要だというだけのことだ。この変化は、ようやく一八三八年になって、ドイツの天文学者、フリードリヒ・ヴィルヘルム・ベッセルによって測定されたのだった。

地球中心の宇宙は、プトレマイオスの『アルマゲスト』の根幹となり、この考え方は、科学的、文化的、宗教的な意識を席巻したが、ついに一五四三年、『天球の回転について』が出版され、このなかでニコラウス・コペルニクスが、地球に代わり太陽を、知られている宇宙の中心に据えた。この異端的な著作が権威筋を怒らせることを恐れ、この本の出版の最終段階を引き受けたプロテスタントの神学者、アンドレアス・オジアンダーは独断で、この本に次のような無署名の前書きを書いた。

> 本書の新奇な仮説が公表された今、学識ある人々のなかには、本書の主張する、地球は運動しており、実際に宇宙の中心で静止しているのは太陽であるという説に、大きな衝撃を受けている方々があることは間違いないだろう。……しかし、これらの仮説が真実である必要はおろか、そのような可能性があるという必要もなく、観察と一致

する計算結果をもたらすのならそれで十分なのである。(1999, p. 22)

当のコペルニクスも、自分がこれから引き起こすであろうやっかいごとを意識していないわけではなかった。教皇パウロ三世に捧げたこの本の献辞で、コペルニクスはこのように述べている。

教皇猊下(げいか)、わたしが宇宙の天球の回転について著(あらわ)したこれらの本のなかで、わたしが地球がある種の運動をすると認めているということを知ると、一部の人々はただちにわたしに罵声を浴びせ、そのような主張もろとも、舞台から引き下がれと非難するであろうことは、わたしは十分に認識しております。(1999, p. 25)

だが、オランダの眼鏡職人でレンズ製作者のハンス・リッペルスハイが一六〇八年に望遠鏡を発明すると、ガリレオは即座に自ら製作した望遠鏡で、金星が満ち欠けすること、そしてさらに、四つの衛星が、地球ではなく木星の周囲を回転していることを観察した。これらのものをはじめとする一連の発見は、地球中心の宇宙観に決定的なとどめをさし、コペルニクスの太陽を中心とした宇宙観の説得力を高めた。地球はもはや宇宙のなかで特別な地位を占めていないということになると、われわれは特別な存在ではないという原則に基づいた、コペルニクス革命が本格的に始まったのである。

今や地球は、兄弟たるほかの惑星たちと同じように、太陽を周回する軌道を運動することになったが、では、太陽はどのような立場になったのだろう？　宇宙の中心となったのだろうか？　そんなことはない。同じ罠にひっかかる者はなかった。そんなふうに考えては、樹立されたばかりのコペルニクス的原則に反してしまう。だが、事実はどうだったのか、調べてみよう。

太陽系が宇宙の中心にあるなら、空のどの方向を見ても、ほぼ同数の恒星が観察されるはずだ。しかし、もしも太陽系がどこか端に片寄った位置にあるなら、ある特定の方向——宇宙の中心がある方向——に、恒星がひじょうに集中しているように見えるはずだ。

イギリスの天文学者、サー・ウィリアム・ハーシェルは、一七八五年までに、天空のいたるところの恒星の数を数えあげ、その距離をごくおおまかに見積もったすえに、太陽系は実際に宇宙の中心にあると結論した。その一〇〇年と少しあと、オランダの天文学者、ヤコブス・コルネリウス・カプタインは、当時利用できた最善の距離計算法を用いて、天の川のなかで太陽系がどの位置にあるかを、はっきり正しく特定しようと試みた。望遠鏡を通して詳しく観察すると、天の川と呼ばれる光の帯は、じつはたくさんの恒星が密集したものであることがわかった。これらの恒星の位置と距離を注意深く集計すると、天の川の帯をのぼっていっても下っていっても、同じ数の恒星が存在することが明らかになった。一方、帯から外れてしまうと、帯の上側と下側で対称的に、恒星の分布密度が低下した。天の川を中心に、空のどちらの方角を見ようとも、一八〇度反対側の方向と同じように、恒星の数は減少したのである。カプタインは、約二〇年をかけて独自の星図を作成したが、できあがった星図では、期待どおり、太陽系が宇宙の中心から一パーセント以内のところに位置していた。われわれは中心そのものにいるわけではないが、宇宙における正当な地位を取り戻すに十分なところにはいた、というわけである。

だがしかし、宇宙はやはり容赦なかった。

当時は誰もほとんど知らなかったし、カプタインにしてもそうだったのだが、天の川に向けたほとんどの視線は、宇宙の果てまで届いていなかった。天の川には、ガスや塵の巨大な雲があちこちにあり、その背後にある物体から放射された光は、このような雲に吸収されてしまう。われわれが天の川の方向を見るとき、われわれに見えるはずの恒星の九九パーセント以上が、天の川そのもののなかにあるガス雲によって遮られてしまうのである。地球は天の川(当時知られていた宇宙全体)の中心近くにあると判断したのは、大きな深い森に歩いて入り、数十歩歩いただけで、どちらの方向を見ても同じ数だけ木が見えるからという理由で、自分は森の中心に到達したと判断するようなものだったのである。

一九二〇年までには——この光の吸収という問題はまだ十分に解明されていなかったが

――、その後ハーバード大学天文台長となるハーロー・シャプレーが、天の川において球状星団がどのように空間分布しているかという問題に迫っていた。球状星団とは、一〇〇万個程度の多数の恒星が密に集まった天体で、光の吸収が最も少ない、天の川の上側や下側の領域で容易に観察できる。シャプレーは、これらの巨大な塊（かたまり）を調べれば、宇宙の中心――要するに、質量が最も集中しており、したがって重力も最も強いはずの場所――を正確に特定できるに違いないと考えたのだ。シャプレーのデータは、太陽系は球状星団の分布中心の近くにはなく、当然知られている宇宙の中心の近くにもないと示していた。彼が見つけたこの特別な点、すなわち球状星団の分布中心は、どこにあったのだろう？　それは、六万光年離れたところ、いて座を構成する恒星とほぼ同じ方角だが、いて座よりはるかに遠方であった。

シャプレーが見積もった距離は、実際の倍以上という値だったが、球状星団の系の中心に関する彼の知見は正しかった。それは、夜空で最も強力な電波を発生している源（みなもと）としてのちに特定される点と一致していたのである（電波は、介在するガスや塵によって弱められることはない）。天体物理学者たちは、ついには、天の川の中心として、電波放出が最強である点を特定するのだが、それまでにはなおも、ひとつ、二つ、「百聞は一見にしかず、とは限らない」ことを示す出来事が起こるのであった。

またもやコペルニクス的原則が勝利した。太陽系は知られている宇宙の中心ではなく、はるか外側の僻地（へきち）にあったのだ。しかし、気位の高い人々にとって、事態はまだ決定的ではなかった。そうした人々は、「われわれがその一部である大規模な恒星と星雲の系が、宇宙全体であるに違いないのだから」「われわれのいるところで、活動が起こっているのだから」と考えるであろうから。

だが、そうではない。

スウェーデンの哲学者、エマヌエル・スヴェーデンボリ、イギリスの天文学者、トマス・ライト、そしてドイツの哲学者、イマヌエル・カントら、何人かの一八世紀の思想家たちが予見していたように、夜空に見える星雲の大部分は、島宇宙のようなものである。たとえば、ライトは、『宇宙の新理論』（一七五〇年）のなかで、宇宙は無限であり、われわれの天の川のような恒星の系がいくつも分布しているのではないかという論を展開した。

> われわれに観察できる被造物たる宇宙は、複数の恒星からなる系と惑星のなす世界によって満たされていることから、無限に壮大な宇宙の全体は、被造物宇宙が無数に存在する充溢（プレーヌム）であると結論できよう。……このことがほぼ確実に真実であろうとある程度明確になったのは、次のような観察からだ。つまり、われわれの星に満ちた領域の外側の遠方に、雲のような小さな塊が多数存在するのが見えるが、それらの見るからに光に満ちた宇宙のなかには、恒星、あるいは、何らかの天体のひとつさえ、見分け

ることができないのである。これらのものは、われわれが知っている宇宙と境界を接しているが、望遠鏡ですら見えないほど遠方にある、われわれの宇宙の外側にある被造物宇宙である可能性が極めて高い。

ライトのいう「雲のような小さな塊」の正体は、宇宙のとほうもなく遠方に位置しており、主に天の川の上側と下側で見られる、数千億個の恒星が集まったものである。それ以外の星雲は、これに比べればはるかに小さく、われわれのもっと近くに位置する、ガスでできた雲だ。このような小さなもののほとんどは、天の川の帯のなかに見つけられる。

天の川は宇宙を構成している多数の銀河のひとつに過ぎないということは、そのせいでわれわれがまたもや肩身の狭い思いをするとしても、科学の歴史のなかで最も重要な発見のひとつである。これを発見したいけ好かない天文学者がエドウィン・ハッブルで、ハッブル宇宙望遠鏡は彼にちなんで命名された。それを証拠立てたいけ好かないものとは、一九二三年一〇月五日の夜に撮影された写真乾板である。それを撮影したいけ好かない装置は、ウイルソン山天文台の一〇〇インチ望遠鏡、当時の最高性能だ。そして、撮影された当のいけ好かない天体が、夜空に最も大きく見える天体のひとつ、アンドロメダ星雲であった。

ハッブルは、アンドロメダ星雲のなかに、極めて光度が高い種類の恒星をひとつ発見した。そのような種類の恒星は、われわれにもっと近いところにある恒星の観測を行なってきた天文学者たちには、すでに馴染み深いものであった。それらの比較的近い恒星の距離はすでに知られており、これら遠近の恒星の光度の差は、ただその地球からの距離の差のみに由来すると考えてよかった。恒星の明るさに関する逆二乗法則を適用して、ハッブルはアンドロメダのなかに見つけた恒星の距離を計算し、その結果、アンドロメダ星雲は、われわれの恒星系の内部に知られているどの恒星よりも遠方にあると結論した。じつのところ、アンドロメダ星雲は、それ自体がひとつの銀河をなしており、ぼんやりと雲のように見えている姿は、詳しく見れば、数十億個の恒星であることがわかるはずなのだ。これらの恒星はすべて、二〇〇万光年以上の遠方にあるため、雲のように見えているだけなのである。われわれは万物の中心にいなかっただけではなく、一夜にして、われわれの自尊心の最後の拠り所だった、天の川銀河そのものさえもが、それまで誰が想像していたよりもはるかに広大な数十億個の染みからなる宇宙の、一個の取るに足らない染みでしかなくなってしまったのだ。

天の川は無数に存在する銀河のひとつに過ぎないことが明らかになったとしても、それでもなおわれわれは宇宙の中心にいるのではないのだろうか？　ハッブルは、われわれの天の川を一介の銀河の地位に貶めた六年後、さまざまな銀河の動きに関して入手可能なあらゆるデータを集約した。その結果、ほとんどすべての銀河が天の川から遠ざかっており、その速度は、その銀河とわれわれとの距離に直接比例していることが判明した。

やはりわれわれは何か巨大なものの真ん中にいたのだ。宇宙は膨張しており、われわれはその中心にいたのである。

いいや、われわれはもう騙されたりしない。われわれが宇宙の中心にいるように見えるからといって、実際にそうだというわけではない。じつのところ、一九一六年にアルベルト・アインシュタインが、新しい重力理論である一般相対性理論を発表したときから、宇宙に関するある理論が出番を待っていたのである。アインシュタインの宇宙では、空間と時間が一体のものとして織りなす時空連続体は、質量の存在のもとで湾曲する。この湾曲と、その結果生じる物体の運動を、われわれは重力と解釈するのである。一般相対性理論を宇宙全体に適用すると、宇宙の空間は膨張し、その内部に存在するすべての銀河は、その膨張に伴って一斉に互いに遠ざかりあう方向へと運動するのだ。

この新たにわかった真実から導き出される驚くべき帰結のひとつが、あらゆる銀河のなかに存在するすべての観察者にとって、宇宙は自分自身を中心に膨張しているかのように見える、ということだ。これは、地球上に存在する感覚を持った人間のみならず、すべての空間と時間を通して存在したことのあるあらゆる形の生命体に、自然が陥らせる、究極の自尊心の錯覚である。

しかし、これが唯一の宇宙（コスモス）――われわれがそのなかで幸せな錯覚に浸って生きている宇宙（コスモス）――であることに違いなかろう。たしかに現時点では、ひとつ以上の宇宙が存在するという証拠は宇宙論研究者たちには一切ない。しかし、十分に検証されたいくつかの物理法則をその極限まで、あるいは、極限を超えて適用すると、生まれたばかりの微小な高温高密度の宇宙は、時空が泡立ち揺れ動く、量子揺らぎを極めて起こしやすい状態として記述できることがわかる。このような状態の泡のどれもが、それ単独で広大なひとつの宇宙を丸々そっくり生み出すことが可能なのだ。このような奇妙な宇宙（コスモス）のなかでは、われわれは、生まれたり消滅したりしている無数の他の宇宙（ユニバース）が含まれている「多宇宙（マルチバース）」のなかの、たったひとつの宇宙に暮らしているだけかもしれないのだ。このように考えるなら、われわれは宇宙全体のなかの、これまで想像したことがないほど肩身が狭くなるような、小さな一部でしかないことになってしまう。

われわれの受難はいつまでも終わらず、しかもその程度はどんどんひどくなってゆく。ハッブルは、一九三六年に出版した『星雲の領域』で、この問題を次のようにまとめているが、彼の言葉は、宇宙のなかでわれわれの地位が徐々に下がり、われわれの気が滅入っていくこの過程の、どの段階にもあてはまるだろう。

こうして、宇宙の探査は不確実さを認識したところで終わる。……われわれは、自分たちのごく近傍についてはかなり詳しく知っている。距離が増すにつれ、われわれの知識は徐々に、しかも急速に減少する。ついには、われわれは薄暗い辺境に到達する――われわれの望遠鏡で観察できる限界だ。そこでは、われわれは影を測定し、捉えようもない測定誤差のなかに、そんな誤差とほとんど変わらぬ程度の実質しかない目印を探し求める。（p. 201）

さて、この章で巡った精神の旅からどんな教訓が導き出されるだろう？　それは、人間は、宇宙の小さな染みの、感情的に脆く、常に騙されやすく、救いようもなく無知な主人だということだ。

ではみなさん、良い一日を。

第4章　情報の罠

たいていの人が、何かに関して、持っている情報が多ければ多いほど、それをよりよく理解できると考えている。ある程度までは、これは一般に正しい。このページを部屋の反対側から見たなら、これが一冊の本のなかのページだとわかるだろうが、何と書いてあるかまではおそらく判読できないだろう。十分近くに寄れば、この章が読めるだろう。だが、鼻がページにくっつくほど間近に寄せても、章の内容がよりよく理解できるわけではない。ページの細かい特徴を見ることはできるかもしれないが、個々の単語、文章、パラグラフなどの全体という、重要な情報は犠牲になってしまうだろう。目が不自由な人々と象の昔話も、これと同じ核心を突いている。象から一〇センチくらいの至近距離に立って、尖った固い突起、長くて弾力のあるホース、太くて皺だらけの柱、引っ張ってはだめだとすぐにわかる、先端に房が付いてだらんと下がっているロープなどのうち、どれかひとつの部分だけに触れても、象の全体についてはほとんど何もわからないだろう。

科学的な問いかけをするときに難しいことのひとつは、どこで、どの程度引き下がるか、そして、どこで接近するかを見極めることだ。近似によってことが明らかになるような場合もあれば、近似は単純化のしすぎでしかない場合もある。夥（おびただ）しい数の複雑な事柄が、真の複雑性を指し示していることもあれば、ただ全体像を混乱させているだけのこともある。たとえば、圧力と温度の条件がさまざまに変化するときに、分子の集合体が全体としてどのような性質を示すかを知りたいときに、個々の分子がどのように振舞うかに注目するのは的外（まとはず）れであり、ときによっては完全に誤った判断に至ってしまうことさえある。第3部で見るように、温度という概念そのものが、ある集合に属するすべての分子の平均的な運動について定義されるものなので、一個の分子が温度を持っていることはありえない。これとは対照的に、生化学では、一個の分子が別の一個の分子とどのように相互作用するかに注目しないかぎり、ほとんど何も理解できないのだ。

だとすると、測定、観察、あるいは地図が、適度に詳細だといえるのは、どういう場合なのだろう？

ニューヨーク州ヨークタウン・ハイツにあるIBMのトマス・J・ワトソン研究センターとイェール大学に所属する数学者だった故ブノワ・B・マンデルブロ（一九二四－二〇

一〇）は、一九六七年、『サイエンス』誌にこんな問いを提起した。「ブリテン島の海岸線の長さはどれぐらいだろうか？」というのがそれだ。簡単に答えられる簡単な問いだと思われるかもしれない。ところが、その答えは、誰も想像していなかったほど奥が深いのである。

探検家や地図製作者たちは、何百年にもわたって海岸線の地図を描いてきた。最初期の地図では、国々の境界線は奇妙な形で雑に描かれているだけだった。それに対して現代の地図は、人工衛星のおかげで、そのころとは雲泥の差の精度を誇っている。だが、マンデルブロの問いに答えようとするには、手近な世界地図と一巻きの糸があれば十分だ。最北端のダネット・ヘッドから、最南端のリザード岬まで、ブリテン島の周りに沿って、どんな湾も岬も飛ばさないように注意して、糸巻きをほどいていけばいい。そうして一巡したところで糸を切り、まっすぐに伸ばして地図の縮尺目盛にあわせれば、ほうら、ブリテン島の海岸線の長さが測定できた。

あなたは、自分の測定結果をその場で確かめたくて、さっき使った、ブリテン島全体を一枚の紙のなかに示したような地図ではなくて、もっと詳細な英国地理院の、たとえば縮尺二万五〇〇〇分の一の地図を手に取るとしよう。今度は、入り江も砂嘴（さし）も小さな岬も、詳細に示されており、それらを逐一糸でなぞっていかねばならない。凹凸（おうとつ）は小さいが、たくさんある。こうして測った結果、地理院の測量地図では、世界地図に比べて海岸線が長くなっていることがわかる。

　では、どちらの測定が正しいのだろう？　もちろん、詳細なほうの地図に基づいた測定だろう。しかし、もっと詳細な地図――すべての崖の下に横たわっているすべての岩を示した地図――を選ぶこともできたはずだ。とはいえ、地図製作者は、ジブラルタルの岩山（訳注　イベリア半島南端部に位置する標高四二六メートルの石灰岩の山）ほどのものでないかぎり、岩は無視して地図を作るのが普通だ。そのような次第で、ブリテン島の海岸線を正確に測定したければ、実際にその海岸を歩かねばならないだろうとわたしは思う。そのときは、でこぼこを限なくたどれるように、ものすごく長い糸を持っていくのがいいだろう。だが、それでもなお、砂粒のあいだをちょろちょろ流れる細い水路や、小石のいくつかを飛ばしてしまうのは避けられないだろう。

　いったいどこまで詳しく測定すれば終わりになるのだろう？　測るたびに、海岸線はどんどん長くなってしまうのだ。分子、原子、素粒子の境界を加味していくと、海岸線は無限に長くなっていくのだろうか？　厳密に言うとそうではない。マンデルブロなら、海岸線の長さは「定義不能」だと言うだろう。この問題は、もうひとつ次元を増やして考え直す必要があるのかもしれない。一次元の長さという概念は、入り組んだ海岸線にはふさわしくないのかもしれない。

　マンデルブロが提起した、頭の体操とも言える難問を解決するには、古典的なユークリッド幾何学の一次元、二次元、三次元などの整数の次元ではなく、端数を含む次元――すなわちフラクタル（「粉々に砕けた」という意味のラテン語、fractusを語源とする）次元――に基づいた、新しい数学分野が必要であった。マンデルブロは、通常の次元の概念は、海岸線の複雑さを表現するにはあまりに単純すぎると主張した。そしてフラクタルは、尺度をいろいろと変えて観察しても、ほとんど同じように見える、「自己相似」図形を記述するのに理想的だということがわかった。自然界に存在するものとしては、ブロッコリー、植物のシダ、雪の結晶などが良い例であるが、巨視的な対象物の形状が、それと同じだが、それより小さな形状やパターンからできあがっており、その小さなパターンは、さらに小さいがまったく同じパターンからできあがっており、それが無限に続いている、という理想的なフラクタルを作り出せるのは、ある特定の種類のコンピュータ処理によって、無限に繰り返されるパターンだけである。

しかし、純粋なフラクタル図形のどんどん小さな特徴を詳細に観察しても、構成要素は次第に増加していくとしても、新しい情報は得られない――パターンは、どこまで拡大してもまったく同じなのだから。これとは対照的に、人体をどんどん詳細に見ていくと、ついには、身体の巨視的レベルで君臨している構造物とはまったく異なる性質を持ち、まったく異なる規則に従って働いている、細胞というものに出くわす。境界線を越えて細胞の世界に入ると、そこには新しい情報の領域が広がるのである。

地球そのものは、どうなのだろう？　二六〇〇年前にバビロニアで作られた粘土板の上にその姿をなおも留める、世界を描いた最初の絵のひとつは、地球を海に囲まれた円盤として描いている。実際、広大な平野（たとえば、チグリス川とユーフラテス川の流域など）の真ん中に立ち、四方八方の景色を見渡すと、たしかに地球は平らな円盤のように見える。

地球は平らだと考えるといくつか問題が生じることに気づいた古代ギリシア人たち――ピタゴラスやヘロドトスのような思想家も含めて――は、地球が球である可能性を検討した。紀元前四世紀には、当時の知識を統合した偉大な人物、アリストテレスが、この立場を支持して、いくつかの議論をまとめあげた。そのひとつは、月食に基づくものだった。月は、地球を回る軌道を運動するうちに、地球が宇宙に作る円錐形の影のなかを定期的に通る。アリストテレスは、数十年のあいだに何度か起こったこの月食という壮大な出来事において、地球が月に落とした影は常に円であったと述べた。これが真実なら、地球は球でなければならなかった。なぜなら、どんな方向からどんな光源に照らされても常に円形の影を落とすものは、球しかなかったからだ。もしも地球が平らな円盤なら、影はときには楕円にならねばならなかった。そして、円盤地球の端が太陽に向いているときには、影は細い線でなければならなかった。地球がその平らな面を太陽にまっすぐ向けているときにのみ、地球の影は円になるのである。

この議論はじつに説得力があるので、あなたは、地図製作者たちは続く二〇〇～三〇〇年のあいだに球形の地球モデルを作っただろうと思われるかもしれない。だが、事実はそうではなかった。球形の地球モデルとして知られている最初のものが登場するのは、ようやく、ヨーロッパの大航海時代の幕が開ける直前の、一四九〇年から一四九二年になってのことであった。

そのような次第で、地球が球であることは確かだ。しかし、いつものことだが、悪魔は細部に潜んでいる。一六八七年に出版した『プリンキピア』のなかでニュートンは、自転している球形の物体は、回転しながら自らを構成している物質を外側に向かって押しやるので、われわれの惑星（そして、ほかの惑星も）は、南北の極で少し平らになっており、赤道付近が少し膨らんでいる——偏球と呼ばれる形状——であろうと提案した。ニュートンのこの仮説を検証するため、五〇年後、パリのフランス科学アカデミーは、数学者たちを派遣する探検旅行を二回敢行した。一度は北極圏へ、そして残る一度は赤道へ。両方の探検旅行で、同じ一本の経線に沿って、地球表面での緯度一度に相当する長さを計測することが命ぜられた。同じ一度を測定した結果、北極圏でのほうがほんの少し長かったが、だとすると、地球はほんの少し扁平に押しつぶされた形をしていなければならなかった。

ニュートンは正しかったのである。

惑星の自転速度が速ければ速いほど、赤道付近の膨らみは大きいだろうと期待される。太陽系で最も質量が大きい木星は高速度で回転しており、それが一回転する時間で決まる一日は、地球の一〇時間にしか相当しない。この木星は、赤道部の直径のほうが南北の極を結ぶ直径よりも七パーセントも長くなっている。木星に比べてはるかに小さいわれわれの地球では、一日が二四時間であり、赤道部の直径は〇・三パーセントしか長くない——一万二八〇〇キロメートル弱の直径に対して、たった四三キロメートルである。こんなものは、微々たる違いでしかない。

このように、地球がほんの少し扁平になっているために生じる面白い効果のひとつが、赤道の任意の地点で海面の高さに立つと、地球のほかのどの場所にいるときよりも、地球の中心から遠く離れることになる、というものだ。そして、確実にそうしたいのであれば、赤道に近いエクアドルの中央に位置するチンボラソ山に登ることだ。チンボラソ山の頂上は海抜六四〇〇メートルだが、それよりなお重要なことに、それはエベレスト山の頂上よりもさらに二一〇〇メートルも地球の中心から離れているのである。

人工衛星のおかげで、事態はさらに複雑になった。一九五八年、地球を周回する人工衛星バンガード一号は、赤道部の膨らみは、赤道の南側のほうが北側よりも少しだけ大きいという知らせを送ってきた。それだけではなく、南極の海水面は、北極の海水面よりも、少し地球の中心に近いことがわかった。言い換えれば、地球は西洋梨のような形をしていたのである。

次に明らかになったのが、地球は堅固ではないという戸惑うべき事実であった。月に引かれ、そして、それほどではないが太陽にも引かれて、海水が大陸棚にばちゃばちゃと満ちたり、そこから引いたりするのに伴って、地球の表面も毎日高くなったり低くなったりを繰り返しているのである。潮汐力は、地球を覆う水を変形させ、その表面を卵型にしている。これはよく知られている現象だ。だが、潮汐力は地殻をも変形しており、そのため、地球の赤道部の半径は、海の潮と月の満ち欠けに伴って、毎日、そして毎月、変化しているのである。

したがって、地球は、西洋梨のような、偏球型なのだ。

地球の形状の訂正は決して終わることなく続くのだろうか？ おそらくそうだろう。二〇〇二年まで話を進めよう。この年、アメリカとドイツの共同宇宙ミッション、GRACE (Gravity Recovery and Climate Experiment) で、地球のジオイドを測量する目的で、一対の人工衛星が打ち上げられた。ジオイドとは、海水位が海流、潮汐、天候による影響を一切受けなかったとしたとき、地球がどのような形をしているのか、言い換えれば、重力がどの地点でも垂直に働いているとしたときの仮想的な地球表面の形状である。このように定義されたジオイドは、「真の水平」を表す形であり、地球の形状と、地表面の下にある物質の密度の変動をすべて加味したものだ。大工、測量士、そして水路技師は、これに則って作業せぬことにはまっとうな仕事はできないだろう。

天体の軌道もまた、これとは種類は異なるが、問題を孕む形をしている。天体の軌道は一次元ではないが、かと言って、単純に二次元や三次元でもない。軌道は多次元で、空間と時間の両方で展開する。アリストテレスは、地球、太陽、そして恒星は水晶でできた天球のなかの、決まった位置に固定しているという考え方を展開した。回転するのは天球であり、その軌道は、完全な円であった——球が回転するのだから、それ以外ありえようか？　アリストテレスと、ほとんどすべての古代人にとって、地球はこの運動の中心にあった。

だが、ニコラウス・コペルニクスはこれに同意しなかった。一五四三年に出版された彼の生涯の大作、『天球の回転について』のなかで、彼は太陽を宇宙の中心に据えた。それでもなおコペルニクスは、天体の軌道は真円であるという考えは捨てなかった。これが現実と矛盾することを知らなかったのである。半世紀のちになって、ヨハネス・ケプラーが、惑星の運動に関する三つの法則を提唱し、それまでの誤りを正した。ケプラーの三つの法則は、科学史上初の予測方程式であり、そのうちのひとつは、惑星の軌道は円ではなく楕円であり、その非円形度もまちまちだということを示していた。

だが、これはまだ序の口である。

地球と月という系を考えてみよう。これら二つの天体は、共通の質量中心である「共通重心」の周りを回転する。共通重心の位置は、任意の瞬間において、地球表面の月に最も近い点の、約一六〇〇キロメートル下にある。そのような次第で、ケプラーの法則に従って太陽の周囲を楕円軌道で回転しているのは、惑星そのものではなく、実際には惑星と衛星の共通重心なのだ。では、そうすると、地球はどのような軌道を辿るのだろう？　その軌道は、太陽の周りの大きな楕円に、小さな環がいくつも巻きついたスプリングのような形をしているのである。環の数は、一年あたり一三個で、それぞれの環は月の満ち欠けの一周期に相当している。

それはさておき、月と地球は、互いに引っ張りあっているだけではなく、ほかのすべての惑星（ならびにその衛星）も、月と地球を引っ張っている。みなさんが予想されるとおり、これはとんでもなく込み入ったぐちゃぐちゃの状況である。月は地球の周囲を公転しながら毎年二・五センチから五センチ程度の割合で地球から遠ざかってもいるし、さらに太陽系のなかにはカオス的としか言いようのない軌道がいくつかあるのもさることながら、地球と月の系が太陽の周囲を一回りするたびに、この系全体の軌道を示す楕円の方向がほんの少しだが変化しているのである。

結局、さまざまな引力が振り付けをした、太陽系が踊るバレエは、理解し、楽しむことはコンピュータにしかできないパフォーマンスなのだ。われわれは、それぞれ孤立した天体が宇宙のなかにある純粋な球のなかを運行しているという描像からは、ずいぶんとかけ離れた姿の太陽系にたどり着いたのである。

科学のそれぞれの研究分野は、理論がデータを導くのか、それともデータが理論を導くのかに応じて異なる様相を呈する。あるひとつの理論が、何を探し求めるべきかを示すなら、科学者はそれを見出すか、あるいは、見出さないかのいずれかだ。見出せたなら、次の未解決の問いへと進む。理論は一切存在しないところで測定機器を駆使する場合は、できるだけたくさんのデータを集め、そのなかから何らかのパターンが出現することを科学者は望む。しかし、データの全体像が何らかの形でつかめるまでは、やみくもにあちこちつつきまわしてばかりという状態に近い。

それでも、軌道の形が間違っていたというだけの理由で、コペルニクスは間違っていたと断言するという過ちをおかしてしまう人もいるかもしれない。一番重要なのは、軌道などよりももっと深い意味のある事柄——惑星は太陽を周回する軌道上を運行するということ——なのである。コペルニクス以来、天体物理学者たちは、どんどんと詳しく見ていくことによって、モデルを改良しつづけてきた。コペルニクスはどんぴしゃりの正解を出したわけではなかったかもしれないが、それでも彼が、方向としては正しいほうを向いていたのは確かだ。ともあれ、「どのような場合にさらに接近し、どのような場合に一歩引き下がればいいのだろう?」という、本章の最初の問いはまだ解決していないようだ。

あなたが冴えわたったある秋の日、大通りを散歩していると想像していただきたい。一ブロック先に、濃紺のスーツに身を包んだ白髪の紳士が歩いているとしよう。紳士の左手に指輪がはまっているのは、あなたにはちょっと見えないだろう。あなたが歩みを速めて、紳士の一〇メートル以内まで近づいたとすると、彼が指輪をしているのに気づくかもしれないが、それに深紅色の宝石が飾られていることや、表面にどんなデザインが彫られているかまでは見えないだろう。拡大鏡を手ににじりよれば、紳士が警察に通報しないなら、あなたは指輪に彫られた学校名、取得学位、卒業年、そして、もしかしたら校章も識別できるかもしれない。この場合は、近づけば近づくほど、より多くの情報が得られると考えて間違いない。

次に、あなたが一九世紀末フランスの点描主義の画家の作品を眺めていると想像していただきたい。三メートル離れて立てば、シルクハットをかぶった男性、バッスルで膨らませた長いスカートを身につけた女性、子どもたち、ペットの動物、きらきら光る川面が見えるだろう。ところが、もっと近づくと、鋭い斜めの筆跡や、丸く置かれた絵の具の点、長い筋状に伸ばされた筆致でキャンバスに載せられた、数万個ものさまざまな色彩が目に入るだけだ。画面に鼻をくっつけるなら、この技法がいかに執拗で複雑かを十分認識することはできるだろうが、この絵がひとつの風景を表しているということは、離れたところから見ないことにはわからない。大通りを散歩している指輪をした紳士に出会った場合とはまったく逆である。点描主義の絵画に近づけば近づくほど、詳細な情報はますます崩壊し、あなたは、近づかなければよかったと後悔することになる。

自然がどのようにしてわれわれにその正体を見せるのかをより正しく捉えているのは、この二つの例のどちらなのだろう？　じつのところ、両方とも正しいのだ。科学者たちは、何かの現象や、あるいは、宇宙に存在している何か――動物であれ、植物であれ、恒星であれ――を、接近してより詳細に見るときはほとんどいつでも、大局的な見方をしたほうが近づいて見るよりもいいのか、それともそうではないのかを見極めなければならない。だが、じつは第三の方法がある。これは、これら二つのケースが合わさった場合なのだが、この場合、近づいて見ることでより多くの情報が得られるが、そうして得られた過剰なデータが科学者を無駄に混乱させる。引き下がりたいという強い気持ちが起こるが、しかし、もっと近づいて情報を得たいという気持ちも引けをとらない。より詳細なデータによって正しいことが確認される仮説がひとつあれば、その陰で、ほかの一〇の仮説が、もはやモデルに当てはまらないことがはっきりして、修正を迫られたり、完全に放棄されたりしているのである。しかも、このようなデータに基づいて新しい洞察が五つか六つ得られるのに、数年から数十年がかかることもあるのだ。このいい例が、土星の周囲に見られる多数の環と、リングレット（訳注　環の隙間に、大きな衛星との共鳴現象でできる、ごくかすかな環）である。

地球は、生活し、働くには面白い場所だ。だが、ガリレオが一六〇九年に世界で初めて望遠鏡を使って空を観察するまでは、宇宙のなかの地球以外のどんな場所についても、その表面の状況、化学組成、気候などについて、知識はおろか、何らかの認識を持っている者など誰もいなかった。一六一〇年、ガリレオは土星について、ある奇妙なことに気づいた。彼の望遠鏡の解像度は低かったが、土星には左側と右側にひとつずつ、あわせて二つ「連れ」が伴っているように見えたのである。ガリレオはこの観察結果を、次のような字謎（アナグラム）にまとめた。

Smaismrmilmepoetaleumibunenugttaurias

この革命的な未発表の発見を最初に成し遂げたという名声を誰も彼から奪うことができないよう、万全を期してのことであった。これを整理して、元々のラテン語から翻訳すると、だいたい、「わたしは、一番高い惑星は三つの部分からできていることを見出した」という意味になる。その後何年にもわたって、ガリレオは土星の「連れ」を観察しつづけた。「連れ」は、あるときは耳のように見え、またあるときはまったく見えなかった。

一六五六年、オランダの物理学者クリスティアーン・ホイヘンスは、ガリレオよりもはるかに高解像度の望遠鏡を使って土星を観察した。この望遠鏡は、土星を観察するというはっきりとした目的のために特別に製作されたものであった。ホイヘンスは、土星の耳のような「連れ」は、極めて単純な、平らな環であると述べた最初の人物となった。半世紀前のガリレオと同じようにホイヘンスも、革新的だが、まだ確証は得られていない彼の発見を字謎で書き記した。三年後、『土星の系』という著作のなかで、ホイヘンスはこれを公表した。

二〇年後、パリ天文台の長、ジョヴァンニ・カッシーニは、土星の環は二つあって、両者は、のちにカッシーニの間隙と呼ばれるようになる隙間によって隔てられていると指摘した。そして二〇〇年近く経って、スコットランドの物理学者、ジェームズ・クラーク・マクスウェルは、土星の環は連続体ではなく、それぞれ軌道を回っている夥しい数の微粒子が集まってできたものであることを示し、権威ある賞を獲得した（訳注　一八五七年のケンブリッジ大学アダムズ賞の課題が「土星の環の構造と安定性について」であり、マクスウェルはこれに応募する論文を一八五六年に提出した）。

二〇世紀が終わるまでには、観測によって七つの環が特定され、それぞれアルファベットのAからGまでの文字が割り当てられた。それだけでなく、これらの環のそれぞれがさらに夥しい数の環やリングレットからできていることが明らかになった。

以上が、土星には「耳」があるという説の顛末である。

二〇世紀には、土星への接近飛行が何度か行なわれた。一九七九年のパイオニア一一号、一九八〇年のボイジャー一号、一九八一年のボイジャー二号によるものである。これらの、かなり近くからの探査のすべてで、土星の環は、それまで誰が想像していたよりもはるかに複雑ではるかに謎に満ちた構成になっているという証拠が得られた。ひとつには、いくつかの環では、環をなしている粒子が、いわゆる「羊飼い衛星」によって、細い帯のなかに囲い込まれている。複数の羊飼い衛星からの引力が、ひとつの環を構成している粒子をいろいろな方向に引っ張り、そのおかげで、環と環のあいだにいくつもの隙間が形成され維持されているのである。

密度波、軌道共鳴、そしてその他、多粒子系において引力が働くことで起こる奇妙な現象のおかげで、土星の環は、さまざまな特徴を一時的に示すことがある。たとえば、土星のB環では、「スポーク」と呼ばれる暗い放射状の構造が移動しているのがボイジャー宇宙探査機によって記録され、おそらく土星の磁場によって生じたのだろうと推測されたのだが、奇怪なことに、土星周回軌道上から画像を送信しつづけているカッシーニ宇宙探査機による近接画像では、そのようなものは消失していた（訳注　二〇〇四年の土星到着以来、ボイジャーと同等以上の精度で環を撮影していたカッシーニからの画像では、しばらくのあいだスポークは認められなかったが、二〇〇五年九月、スポークの写真がふたたび得られた）。

土星の環はどのような物質でできているのだろう？　ほとんどは水氷だが、幾分か土も混じっており、その化学組成は、土星の大型衛星のひとつとよく似ている。土星の環境を宇宙化学的に調べると、土星にはかつてそのような衛星が数個あった可能性があることがわかる。職務離脱してしまった衛星たちは、巨大な土星にとって不快なほど近い軌道を回っていたので、土星の潮汐力で引力圏外に飛ばされてしまったのかもしれない。

ついでながら、環がある惑星は土星だけではない。木星、天王星、海王星——土星とともに、太陽系のなかで、ガスを主成分とする四つの巨大な惑星というグループをなす惑星——の近接画像を見ると、これらの惑星にもそれぞれいくつかの環があることがわかる。木星、天王星、海王星の環は、主に岩や塵の粒など、暗く反射性のない物質でできているため、一九七〇年代後半から一九八〇年代前半になるまで発見されなかった。

惑星の近傍は、高密度かつ堅固ではない物体には危険である。このあと第2部で見るが、たとえば多くの彗星や一部の小惑星は、石屑が固まったようなものであり、命がけで惑星の近くを往来している。この手の放浪者が一定の距離以上に惑星に接近すると、それらを一体に保っている引力を、惑星が及ぼす潮汐力が上回ってしまう。この不思議な距離は、「ロシュ限界」と呼ばれ、一九世紀に、フランスの天文学者、エドゥアール・アルベール・ロシュによって発見された。ロシュ限界の内側に迷い込むと、この放浪者たちはばらばらに引き裂かれてしまう。ばらばらになった破片は、それぞれが独自の軌道を運動するようになり、やがては平らに広がった閉じた環となる。

先頃わたしは、惑星の環を研究している同僚から、土星について、ショッキングな知らせを聞いた。彼が悲しげに言うには、土星の環を構成している粒子の軌道は不安定で、天文学の世界では一瞬にあたる一億年かそこらで、みんなどこかへ飛び去ってしまうかもしれないそうだ。環があるから土星が大好きなのに、その環がなくなってしまうとは、なんということか！ ありがたいことに、惑星間粒子や衛星間粒子が、一定の割合で、しかも原理的には永遠に、環に付着しつづけるので、飛んでいった分は補充されるかもしれないということがわかった。あなたの顔の皮膚と同じように、惑星の環も、それを構成している粒子は入れ替わってしまうとしても、その集合体としての巨視的存在は存続するようだ。

カッシーニの土星の環の近接映像のなかには、ほかのニュースも含まれていた。どんなニュースなのだろう？ カッシーニ計画の画像チームのリーダーで、コロラド州ボールダーの宇宙科学研究所に所属する惑星環の専門家、キャロライン・C・ポルコの言葉を引用すれば、「圧倒されるような」、「驚異的な」ニュースである。すべての環で、あちらこちらに、予測されていなかったのはもちろん、現時点では説明することもできないような特徴が認められる。ホタテガイの縁のように波を打ち、しかも輪郭がはっきりしたリングレット。融合して塊(かたまり)になる多数の粒子。A環とB環は真っ白な氷でできているように見える一方で、両者を隔てるカッシーニの間隙は薄汚れて見える。これら新たに得られたデータの一切合切を解析するのに、ポルコと彼女の同僚たちはこの先何年もおおわらわであろう。もしかしたら、遠方から観察していたころの、もっと単純で明瞭だった画像をしみじみ懐かしみながらの作業となるかもしれない。

第5章　地面に突き立てた棒でできる科学

この一〇〇年から二〇〇年のあいだ、さまざまな最先端技術の組み合わせや巧妙な考え方が宇宙に関する発見を推進してきた。しかし、技術などまったくなかったとしたらどうだろう？　あなたの裏庭の実験室には、一本の棒しかないとしよう。あなたは何を知ることができるだろう？　じつは、かなりのことがわかるのだ。

注意深い測定をこつこつと続ければ、あなたとあなたの棒は、われわれが宇宙のなかのどのような場所にいるかに関して、ものすごい量の情報を集めることができる。棒が何でできていようと関係ない。何色でもかまわない。まっすぐでありさえすればそれでいい。地平線がよく見える場所に行き、ハンマーで地面にその棒をしっかりと打ち込む。ローテクを貫くなら、ハンマーではなくて、大きな石で打ち込むのがいいかもしれない。棒がぐらぐらせず、まっすぐ立つように注意すること。

これで、石器時代人の実験場は完成である。

よく晴れた日が来たら、朝、太陽が昇りはじめ、空を横切り、最後に沈むまでのあいだ、棒の影の長さを記録しよう。影は、最初は長いが、太陽が空の一番高いところに達するまで、どんどん短くなり、そのあとは、日没までふたたび長くなっていく。この実験のためにデータを収集するのは、時計の短針の動きを見守るのと同じくらい退屈だ。しかし、あなたは技術を持っていないのだから、あなたの興味を逸らすようなものもほとんどない。棒の影が一番短くなったときが、昼間の半分が過ぎたときに相当するのに注意すること。その瞬間——地方正午と呼ばれる——、あなたが赤道のどちら側にいるかに応じて、影の先端は真北もしくは真南を向く。

あなたは今まさに、原始的な日時計を作りあげたのである。博識を披露したければ、この棒をノーモン（示影針）と呼ぶこともできる（わたしは、やはり「棒」のほうが好きだ）。文明が発祥した北半球では、太陽が空を移動するにつれて、棒の影は、棒の根元を時計回りに回転するということに注意してほしい。じつのところ、だからこそそもそも時計の針は「時計回り」に回転することになったのである。

あなたが忍耐強く、また、雲のない晴天が続いて、この実験を三六五日連続で行なうことができたなら、太陽は毎日地平線の同じ地点から昇るのではないことに気づくだろう。また、一年のうち二日、日の出のときの棒の影が、日没のときの正反対を向く。このとき、太陽は真東から昇り、真西に沈み、しかも、昼と夜の長さは同じになる。この二日は、春と秋の分点である（分点は英語で「equinox」で、これは「等しい夜」という意味のラテン語から来ている）。一年のうち、これ以外のすべての日で、太陽は地平線上のどこか別の位置から昇り、別の位置に沈む。したがって、「太陽は常に東から昇り西に沈む」などと断言した人は、そもそも空を注意深く見たことなどなかったのだ。

あなたが北半球で太陽の昇る地点と沈む地点を追いかけているのなら、春分点を過ぎたあと、これらの点は東西を結ぶ直線から徐々に北に移動し、やがて止まり、それからあとはしばらくのあいだ徐々に南に移動するのがわかるだろう。そしてふたたび東西の直線を渡ると、南への移動は次第にゆっくりとなって、やがて止まり、そして今度はまたもや北に向かって移動しはじめる。このサイクルは、毎年繰り返される。

そのあいだ、太陽の道筋もずっと変化しつづける。夏の至点（至点は英語で「solstice」で、「静止した太陽」という意味のラテン語を語源としている）には、太陽は地平線の最も北寄りの地点から昇り、空の最も高いところを通過して、地平線の最も北寄りの地点に沈む。このため、夏の至点に当たる日は、一年のなかで昼間が一番長くなり、棒が正午に作る影は最も短くなる。太陽が地平線の最も南寄りの地点から昇り、最も南寄りの地点に沈むとき、太陽が空で通る道筋は最も低くなり、正午の影は最も長くなる。この日以外に、いつを冬の至点と呼ぶというのだ？

地球の表面の六〇パーセントと、地球に暮らしている人間の約七五パーセントにとって、太陽が文字通り真上に来ることは絶対にない。これ以外の地球の部分、つまり、赤道を中心とする幅約五〇〇〇キロメートルの帯の上では、一年に二日だけ（はいそのとおり、あなたが北回帰線あるいは南回帰線の真上にいるなら、一年に一日だけ、である）、太陽は天頂に達する。賭けてもいいが、「太陽は正午には真上に来る」などと断言したのは、太陽が地平線のどの位置から昇り、どの位置に沈むか自分は知っていると豪語したのと同じ人物に違いない。

ここまでで、一本の棒と並々ならぬ我慢強さによって、あなたは方位磁針の四方点と、季節の変化を示す四つの日を特定した。さて、次は、ある日の地方正午と、翌日の地方正午とのあいだの時間を計る何らかの手段を工夫せねばならない。高価な精密時計（クロノメータ）があれば役に立つだろうが、正確に作られた、一個または複数の砂時計でも申し分ない。どちらの時計を使っても、太陽が地球の周りを一周するのにどれだけの時間がかかるか——太陽日の長さ——を極めて正確に決定することができる。一年間で平均すると、この時間間隔は厳密に二四時間に一致する。ただし、地球の海洋にかかる月の引力によって地球の回転が遅くなるのを補正するためにときおり加えられる「閏秒」は、これには含まれていない。

さて、ふたたび棒を使った実験に戻ろう。まだやり残したことがある。棒の先端と、空のある一点を結ぶ視線を決め、そして、信頼できる時計を使って、馴染みのある星座の馴染みのある星が、その視線を通過する瞬間を特定する。それから、その時計をもう一度使って、その星が次の夜に棒で決めた視線の上にふたたびやって来るまでの時間を計って記録する。この時間間隔は恒星日と呼ばれるもので、二三時間五六分四秒である。恒星日と太陽日がほぼ四分違うがために、太陽は恒星がなす背景のなかを移動することになり、太陽は一年かけて、いくつもの星座を順繰りに訪問しているかのように見えるのである。

もちろん、昼間は、太陽以外の恒星を見ることはできない。しかし、日没直後、あるいは日の出直前、地平線近くに見える恒星は、太陽がそのときに空のなかで占めている位置の近傍にあるわけで、恒星の分布を明確に記憶している鋭い観察者なら、太陽の背後に今どのような星座があるのか見当を付けることができるのである。

やはり時計を利用するのだが、地面に立てた棒を使ってできる、面白いことがまだある。一年間、毎日時計が示す正午に、棒の影の先端が来る場所に印を付ける。印は、日々異なる場所となり、一年の実験が終わったときには、8の字型の曲線ができているのがわかるだろう。博学な人たちは、これを「アナレンマ」と呼んでいる（訳注　アナレンマとは、地球やその他の惑星上の同一地点で、一年間、毎日同じ時刻に太陽の見掛けの位置を記録した図）。

どうしてこのようなことが起こるのだろう？　地球の軸は地球の公転軌道を面に見立てた公転面に垂直な線に対して、二三・四度傾斜している。この傾斜は、われわれに馴染み深い季節の変化をもたらし、また、太陽が日々空を運行する経路を大きく変動させているのみならず、太陽が一年を通して天の赤道をまたいで行ったり来たりするのに伴って、先に述べたような8の字を描かせる主要な原因ともなっている。おまけに、地球が太陽の周囲を回る軌道は真円ではない。ケプラーによる惑星の運動の法則に従えば、軌道上を進む地球の速度は、地球が太陽に接近すれば増加し、遠ざかれば減少する、というように変化する。だが、地球の自転速度はまったく変化しないので、何かが譲歩してずれねばならない。太陽は、「時計が示す正午」に、決まって空の一番高いところに達するわけではない。日々の変化はごくわずかだが、太陽は一年のうち、一四分も遅く最高点に達することもあれば、一六分も早く最高点に達することもある。「時計の示す時間」が「太陽時」に一致するのは、一年のうちたった四日だけだ。これらの日は、8の字の一番上、一番下、そして中央の交差点に対応する。これらの日は、四月一五日（アメリカの確定申告の締切とは関係ない）、六月一四日（フラッグデーとは関係ない）、九月二日（労働者の日とは関係ない）、そして一二月二五日（イエス・キリストとは関係ない）、もしくはその前後にやってくる。

さて、次に、あなたと棒の複製を作って、地平線のはるか向こう側にあらかじめ決めておいた地点に行かせよう。あなたとあなたの複製は、同じ日の同じ時刻に棒の影の長さを測るように事前に約束しておく。影の長さが同じなら、あなたは平らな地球、もしくは、とほうもなく大きな地球の上で暮らしていることになる。影の長さが異なれば、簡単な幾何学を使って、地球の全周の長さを計算することができる。

天文学者でありかつ数学者でもあった、キュレネのエラトステネス（紀元前二七六－前一九四）は、まさにこのようにして地球の大きさを計算した。彼は、シエネ（現在のアスワン）とアレクサンドリアという、エジプトの二つの都市で正午の影の長さを比較したのである。彼は、この二つの都市のあいだの距離を実際より長めの五〇〇〇スタディア（訳注　スタディアは古代ギリシアとローマで使われていた長さの単位、スタディオンの複数形。一スタディオンは約一八〇メートル）と見積もっていた。エラトステネスが得た地球の全周の長さは、誤差が正確な値の一五パーセント以内にあった。幾何学の威力を如実に示す逸話だが、たしかに、幾何学を意味する英語「ジオメトリー」は、「地の測定」という意味のギリシア語から来ている。

この、棒と石を使った実験は何年もかかる類のものだが、次の実験は一分ほどしかかからない。あなたの棒を、よく見かける泥に突き刺さった棒のように、少し傾いて立つよう、地面に石で打ち込む。細い糸の端に小石を結びつけ、棒の先端からぶら下げる。これで振り子ができたわけだ。糸の長さを測り、それから、錘をつついて振り子を揺らそう。六〇秒間に錘が何度揺れるかを数えよう。

その数は、振り子の振れる幅にはほとんど関係せず、そして、錘の質量にはまったく関係ないことがわかるはずだ。揺れの回数を左右するのは、糸の長さと、あなたがどの惑星の上で実験しているかだけである。それほど複雑ではない方程式を解くことによって、地球表面での引力による加速度を導き出すことができるが、この値は、その惑星上での重さについての直接の指標となる。月の上では、引力は地球の六分の一しかないので、同じ振り子は地球でよりもはるかにゆっくりと動き、一分間の揺れの回数はぐっと少なくなる。

惑星の脈を取る、これ以上の方法はないだろう。

ここまでの実験では、あなたの棒からは、地球そのものが回転しているという証拠は一切得られていない。太陽と、夜空に輝く星たちが、一定の間隔で、規則的に回転しているだけである。次の実験の準備として、長さが一〇メートルを超える棒を見つけて、これを今回もまた、少し傾けて地面に打ち込もう。長く細い糸の端に重い石を結びつけ、棒の先端から吊るす。さて、では先ほどと同じように、振り子を動かそう。糸が十分長く、錘が十分重ければ、振り子は何時間ものあいだ、何ものにも妨げられずに揺れつづけるだろう。あなたが、振り子の振れる方向を注意深く追跡し、そしてあなたがものすごく辛抱強ければ、振り子の振動面、すなわち、前後に振動する振り子が作る面がゆっくりと回転することに気づくはずだ。この実験を行なうのに、最も教育的効果の高い場所は、北極である（南極でも、まったく同じ効果が得られる）。北極や南極では、振り子の振動面は二四時間でちょうど一回転する。この振動面の回転は、地球が振り子の下で、どの向きにどのような速度で回転しているかを単純に示している。赤道上の点を除いた地球上のほかの地点では、振動面はやはり回転するものの、極から離れ、赤道に近づくにつれ、その回転は遅くなる。この実験は、動いているのは太陽ではなく地球であることを示すのみならず、三角法を少し使えば、今度は逆に、振り子の振動面が一回転するのに必要な時間から、自分が地球上で緯度が何度の地点にいるかを特定することができるのである。

この実験を初めて行なったのは、ジャン‐ベルナール‐レオン・フーコーというフランスの物理学者で、彼は、多大な費用をかけずに実験室で実施できる最後の実験をやった人物と言って間違いない。一八五一年、彼は「どうぞ、地球が自転しているのを見に来てください」と、同僚たちをパリのパンテオンに招待した。今日（こんにち）では、フーコーの振り子は、世界中のほとんどすべての科学技術博物館で振れている。

地面に立てた一本のありきたりの棒から、こんなにも多くのことが学べるとわかった今、世界のあちこちにある、これとよく似た構造を持つ先史時代の有名な天文台を、どう解釈すればいいだろう？　ヨーロッパ、アジアから、アフリカ、ラテンアメリカまで、古代文明を調査すると、礼拝の場所や、深い文化的意味を体現する場所としての役割も同時に担（にな）っていた可能性は高いものの、ローテクの天文学センターとして機能した、石の遺跡が無数に見つかる。

　たとえばストーンヘンジでは、同心円に並べられた巨石のいくつかを結ぶ直線の方向が、夏至の朝に日が昇る方角と正確に一致している。また、ほかの石を結んだ直線は、特別な月出、月没の方位と一致する。紀元前三一〇〇年ごろに初めて造られ、その後二〇〇〇年のあいだに幾度も手を加えられたストーンヘンジに使われているいくつもの巨大な一枚岩は、イギリス南部のソールズベリー平原という、遠く離れた場所で採石されたものだ。約八〇個あるブルーストーンと呼ばれる柱状の巨石は、それぞれ数トンの重さがあるが、三八〇キロメートルほど離れたプレセリ山地から運ばれてきた。サーセン石と呼ばれる一群の石は、それぞれ五〇トンもの重さがあり、三〇キロメートルほど離れたマルボロー丘陵で採れたものだ。

　ストーンヘンジが何を意味するかについては、さまざまな文献が書かれている。歴史研究家も、軽い気持ちで観察した人も、これを造った古代の人々が、これほど重たいものをこれほど長い距離にわたって移動させる技術を持っていたのもさることながら、天文学の深い知識を持っていたことにも強い印象を受けている。夢想的傾向がひじょうに強い人たちのなかには、感動のあまり、ストーンヘンジの建設には、地球外生命体の介入があったに違いないと主張する人もいるほどだ。

　ストーンヘンジを建設した古代文明が、もっと近くにあって運びやすい岩をどうして使わなかったのかはいまだに謎である。だが、ストーンヘンジに現れた技術と知識は謎ではない。建設の主ないくつかの段階は、あわせて二〇〇〜三〇〇年かかった。おそらく、事前の計画に、さらに一〇〇年かそこらかかっているはずだ。五〇〇年あれば、何でも建造することは可能だろう。建造者たちが、使うレンガをどれだけの距離運ぼうが、わたしにはどうでもいい。さらに言うなら、ストーンヘンジに体現されている天文学的知識は、地面に立てた一本の棒で発見できるもの以上に深くはないのである。

このような古代の天文台が近代人たちに感銘を与えつづけるのは、おそらく、近代人たちが、太陽、月、恒星がどのように動くかについて、何も知らないからだろう。われわれは、夜のテレビ番組を見るのに忙しすぎて、空で何が起こっているのか気にかける暇がない。われわれには、宇宙のパターンに基づいて並べられた単純な岩が、アインシュタインの離れ業と同じようなものに見えるのだ。むしろ、ほんとうに不可解な文明があるとすれば、それは、文化の面でも建築の面でも、空との関連が一切見られない文明だろう。

第2部 自然についての知識

宇宙の構成要素を見出す試み

第6章　太陽の中心からの旅

太陽の光が、その源（みなもと）である太陽のコアから、はるばると地球表面までやってきて、砂浜で寝そべっている誰かのお尻にぶつかるという旅について、われわれが日常生活のなかで、じっくりと考えてみることなどあまりない。光が太陽から地球へ移動する、惑星間空間という虚空を通っての五〇〇秒間の光速の旅という部分は、わかりやすい。難しいのは、光が太陽の中心から表面にいたるまでの、一〇〇万年もの大冒険の部分である。

恒星のコアでは、温度が約一〇〇〇万ケルビンに達すると（太陽では、コアの温度は一五〇〇万ケルビン）、唯一の電子をとうの昔に奪われた水素原子核は、十分な高速度に到達し、本来の電気的反発を克服して、接近して衝突しあうようになる。熱核融合で、四個の水素原子核（H）から一個のヘリウム原子核（He）が作られる過程で、物質からエネルギーが生み出される。あいだにあるいくつもの段階を無視すると、太陽は単純に、次のように言っていることになる。

4H→He＋エネルギー

こうして光がある。

ヘリウム原子核が一個生まれるたびに、光子と呼ばれる光の粒子が作り出される。これらの光子は、ガンマ線と呼ばれるに値する十分大きなエネルギーを持っている。光は波長によって分類されるが、ガンマ線はそのなかで最も波長が短く、最も大きなエネルギーを持つものである。生まれながらにして光速（秒速二億九九七九万二四五八メートル）で運動するガンマ線光子は、自分でも気づかぬ間（ま）に、太陽から抜け出す旅を始める。

光子は、妨害されないときには常に直線上を進む。しかし、何ものかに遮（さえぎ）られると、散乱されるか、あるいは、吸収されて再放出される。どちらの場合も、光子は元々とは違う方向へ、違うエネルギーで飛ばされる。太陽の内部では物質は極端な高密度状態にあるため、光子は平均して三〇億分の一秒（一ナノ秒の三〇分の一）以下しか直進しない。つまり光子は、一個の自由電子もしくは一個の原子に衝突するまでに約一センチメートルしか進まないということである。

他の粒子と相互作用するたびに、その後の新しい経路は、外向き、横向き、あるいは後ろ向きなど、あらゆる方向を取りうる。だとすると、あてどなくさまよう光子が、どうして太陽の外に出ることができるのだろう？　この問いに答える手がかりは、ぐでんぐでんに酔っ払った人間が、街角の街灯を出発点として、ランダムな方向に歩みを進めていくとどうなるかという、いわゆる「酔歩（ランダムウォーク）問題」のなかにある。不思議なことに、酔っ払いは街灯のところには戻ってこないという確率がひじょうに高いのである。歩みが完全にランダムなら、街灯からの距離はゆっくりと増加してゆく。

ある特定の酔っ払いが、ある特定の歩数だけ歩いたときに、街灯からどれだけの距離離れているかを厳密に予言することはできないが、大勢の酔っ払いに実験に参加してもらって、ランダムに歩いてもらうとすると、この距離が平均してどの程度になるかについて、信頼性の高い予測を立てることは可能だ。このような酔っ払い集団の街灯からの距離に関するデータに基づけば、街灯からの距離は、平均すると、歩いた総歩数の平方根に比例して増大するのである。たとえば、それぞれの酔っ払いが一〇〇歩ランダムな方向に進んだとすると、街灯からの平均距離は、たった一〇歩となるだろう。九〇〇歩進んだなら、平均距離は増大するが、それでもやっと三〇歩だ。

光子が太陽のなかで進む一歩の距離は一センチメートルなので、太陽の中心から表面までの七〇〇億センチメートルを「酔歩」で進むには五〇垓（がい）（5×10^{21}）歩近くが必要になる。これによって光子が進んだ距離を直線になおせば、その長さは約五〇〇〇光年となる。

だが、太陽のさまざまな性質――たとえば、ガスからできている太陽は、自らの重さで圧縮されるので、太陽の質量の約九〇パーセントが半径の半分以内に集中していることなど――を考慮に入れた、もっと現実的なモデルを使って計算し、また、光子が吸収されてから再放出されるまでそこに留まって停止している分の、無駄に費やされる時間を足すと、旅全体にかかる時間は約一〇〇〇万年となる。もしも光子が、太陽の中心から表面までまっすぐな経路で進むとすれば、その旅はたった二・三秒で終わってしまうだろう。

　早くも一九二〇年代には、太陽の外に出ようとする光子は大きな抵抗に遭うだろうということが、ある程度把握されていた。十分な物理学の知識に基づいた恒星の構造の研究に貢献して、この問題に対して深い洞察を提供した功績は、華々しい活躍をしたイギリスの天体物理学者、アーサー・スタンレー・エディントンに与えられるべきだ。彼は一九二六年に『恒星の内部構造』という本を書いたが、彼がこれを出版した時期は、量子力学という物理学の新分野が見出された直後であり、しかも、熱核融合が太陽のエネルギー源であると公式に認められるのは、まだ一二年近くもあとのことだったのである。エディントンが導入の章で雄弁に語る推測は、エーテル波（エディントンが当時用いた用語だが、現代で言えば光子）の苦難に満ちた旅を、詳細に語っているとはいえないまでも、その本質の一部を正しく捉えている。

恒星の内部は、原子、電子、エーテル波の大騒動だ。このごちゃごちゃに入り組んだダンスがどのように展開しているのかを理解するには、原子の物理学における最新の発見の助けが必要だ。……この大混乱を想像してみてほしい！　衣装をぼろぼろになるまで乱して、原子が秒速八〇キロメートルで疾走しながらぶつかりあい、乱闘している。元々はすばらしく凝った仕立てだった電子の衣装は、ずたずたに引き裂かれ、ぼろぼろになった二、三個の電子がやっとまとわりついているだけというていたらくだ。失われた電子は、一〇〇倍もの高速で飛びまわりながら、新たな休息の場を探し求めている。見よ！　電子は、一〇〇億分の一秒のあいだに、一〇〇〇回も原子と衝突しかけ、からくも逃れる。……だが、やがて電子はがっちりと捉えられ、原子に固く縛りつけられ、その自由の日々は終わりを告げる。だがじつは、それはほんの一時のことだ。腰帯に新たな獲物を飾りつけたと思った瞬間に、エーテル波の量子がこれに衝突する。大爆発とともに、電子はふたたび自由の身となり、新たな冒険に乗り出す。（p. 19）

エディントンは、エーテル波こそ太陽のなかで何らかの実質的な活動を担っている唯一の要素だと断定して、さらに熱弁をふるう。

われわれはこの光景を見守りながら、こんなものが恒星の進化という荘厳な物語（ドラマ）だということがありうるのだろうかと自問する。むしろ、大衆演芸場の、愉快な皿割りシーンのあるどたばた喜劇ではないか。原子物理学のどたばた喜劇は、われわれの美学の理想などほとんど気にかけていない……原子や電子は、あわてているわりには、決してどこにも到達しない。ただ場所を移動しているだけだ。エーテル波は、実際に何事かを達成する唯一の者たちである。一見、目的もなくでたらめな方向に高速で飛びまわっているだけのようだが、みな、その気はないのに知らず知らずのうちに、ゆっくりとではあるが、外に向かって進んでいるのである。（pp. 19-20）

太陽の最も外側、半径の四分の一の厚味にあたる部分では、エネルギーは主に、荒々しい対流によって移動する。この対流のプロセスは、チキン・スープ（あるいは、任意の液状のもの）が煮立っている深鍋のなかで起こっている現象とそれほど変わらない。高温になった液体はすべて上昇するが、それに比べて温度が低い部分は下降する。仕事熱心なわれわれの光子は露（つゆ）ほども知らないが、彼ら光子の集団は、対流のせいで一気に数万キロメートルも太陽の内部へと沈んでしまい、おそらくは数千年もの酔歩で外向きに進んだ分を帳消しにしてしまっているのである。もちろん、逆のことも起こる。対流は、酔歩ででたらめな方向に動いている光子をあっというまに表面近くまで運び、光子が太陽から飛び出す可能性を高めてくれることもある。

だが、われわれのガンマ線の旅物語は、これですべてではない。一五〇〇万ケルビンというとほうもない高温の中心から、六〇〇〇度の表面まで移動するあいだに、太陽の温度は、平均で一メートルあたり一〇〇分の一度下がる。吸収されてその後再放出されるたびに、高エネルギーのガンマ線光子は、自らの存在を犠牲にして、夥(おびただ)しい数の、よりエネルギーの低い光子を生み出す働きがある。このような利他的な行為は、光のスペクトルの、ガンマ線領域から、X線、紫外線、可視光領域を経て、赤外線領域まで、高エネルギー側から低エネルギー側へと続く。一個のガンマ線光子のエネルギーは、一〇〇〇個のX線光子を生み出すに十分であり、そして一個のX線光子は、最終的には一〇〇〇個の可視光光子を生み出す。言い換えれば、一個のガンマ線光子は、酔歩で太陽表面に到達するまでに、数百万個を超える可視光および赤外線光子を容易に生み出せるということである。

太陽から飛び出す光子の、五〇万個に一個だけが実際に地球に向かってやってくる。たったそれっぽっちか、と思われるのはよくわかるが、地球の大きさと太陽からの距離を考えれば、これは地球にふさわしい分量だ。その他の光子は、ほかのありとあらゆるところへ向かう。

ちなみに、ガス状の太陽の「表面」は、でたらめな方向に運動している光子が、惑星間空間へ飛び出す最後の一歩を踏み出す層として定義される。光が、妨げられることなく、一本の視線に沿って進み、われわれの眼に到達できるのは、このような層からだけだ。そのような光を使ってこそ、意味のある太陽の大きさを得ることができる。一般的に、波長の長い光は、波長の短い光よりも、太陽の奥深い層から飛び出す。したがって、たとえば、可視光線を使って測定したときよりも、赤外線を使って測定したときのほうが、太陽の直径はほんのすこし短くなる。断り書きがあるかどうかは別として、教科書に載っている太陽の直径は、普通、可視光線を使って求めたものである。

ガンマ線は、よりエネルギーの低い光子をとんでもなくたくさん生み出すことができるが、ガンマ線のエネルギーのすべてがそれに費やされるわけではない。エネルギーの一部は、大規模な対流の原動力となり、さらにこの対流は、鐘撞き係が鐘を鳴らすときと同じように太陽を鳴らす、圧力波を駆動する。長期にわたって、太陽のスペクトルを注意深く正確に測定しつづけると、地球の地震を研究している科学者たちが、地震で地中に生じた音波だとするものとほとんど同じように解釈できる、微小な振動が認められる。多数の振動モードが同時に働いているため、太陽の振動パターンは、とてつもなく複雑である。このような太陽の振動や波動現象を研究する日震学者にとって最大の困難は、振動を基本要素に分解し、それによって、そのような振動をもたらしている内部構造が、どのような大きさでどのような形状なのかを導き出すことだ。これは、蓋を開けたピアノに向かって叫ぶことによって、あなたの声を「分析」するようなものだ。あなたの声の音波を受けて、ピアノの弦は、あなたの声を構成しているのと同じ合成振動を再現する振動を始めるはずだ。

太陽の振動を研究するための組織的なプロジェクトが、GONGによって実施された。GONGとは、Global Oscillation Network Group（太陽振動調査のための地球ネットワークグループ）のこの手の数ある略称のなかでも、これまたうまい略称である。世界のそれぞれの時間帯にある天文台（ハワイ、カリフォルニア、チリ、カナリア諸島、インド、オーストラリア）に、太陽観測のための特別な設備が設置され、太陽の振動を連続的に観測できるようにした。得られた結果は、以前から予想されていたとおりで、恒星の構造に関して現在得られている知見のほとんどを支持するものであった。わけても、太陽のエネルギーは、内側の層ではランダムに運動する光子によって運ばれるが、外側の層では大規模な対流によって運ばれるということが確認された。そうだ。いくつかの発見が偉大なのは、それによって長いあいだ推測されていたことが確認されたという単純な理由によるのだ。

太陽の内部を旅するという勇敢な冒険をするに最もふさわしいのは光子であり、それ以外のかたちのエネルギーや物質にはとても無理だ。もしもわれわれの誰かがこの旅をしなければならないとしたら、もちろん、われわれなど押しつぶされて死んでしまい、蒸発し、身体を構成する原子から、最後の一個の電子にいたるまで奪い去られてしまうだろう。このような大問題があるにもかかわらず、これをツアーにしたなら、チケットは飛ぶように売れるのではないかという気がする。とはいえわたしは、太陽のなかで光子がどんな旅をするかという物語を知るだけで満足だ。日光浴をするとき、わたしは必ず、自分の体にぶつかるすべての光子がはるばると辿ってきた旅に対して十分な敬意を払いながら時を過ごす。光子がわたしの体のどの部分に当たろうと、それは関係ない。

第7章　惑星のパレード

宇宙の研究にまつわる逸話のなかで、じっと動かぬ恒星たちを背景に、それぞれ独自の経路で移動していく空の彷徨い人、惑星を理解しようという、何世紀にもわたる努力の物語ほど面白いものは、ちょっと思い浮かばない。文句なしに惑星だと認定されている太陽系の八つの天体のうち五つは、肉眼でも容易に見ることができ、古の人々にも、観察力のある類人猿にも、よく知られていた。これら五つの惑星——水星、金星、火星、木星、土星——は、それぞれの特徴に応じてローマ神話の神と同一視され、その神の名で呼ばれた。たとえば、水星（英語でマーキュリー）は、背景の恒星に対して最も速く動くので、ローマ神話の商業神で神々の使者であるメルクリウスにちなんで名づけられた。空気力学的に見れば使い物にならない小さな翼が付いた帽子とサンダルを身につけた姿で描かれることが多い、あの神だ。そして、古来「彷徨い人」と呼ばれた天体（惑星を意味する英語

「プラネット」の語源であるギリシア語「planetes」は元来そういう意味である）のなかで唯一赤味がかって見える火星は、ローマ神話の戦いと流血の神の名を冠している。もちろんのことだが、地球も肉眼で見える。足元を見さえすればいいのだ。だが、「不動なる地面（テラ・フィルマ）」である地球は、一五四三年にニコラウス・コペルニクスが太陽を中心とする宇宙モデルを発表するまで、惑星のひとつとは考えられていなかった。

望遠鏡を持たない者にとっては、惑星は、昔も今も、何らかの理由でたまたま空を動きまわっている光の点でしかない。一七世紀になって望遠鏡が普及してようやく、天文学者たちは惑星が天体であることを見出した。宇宙探査ロケットによって惑星を近くから観察できるようになったのは、二〇世紀になってからのことだ。そして、人間が惑星を訪れるようになるのは、二一世紀の後半になりそうだ。

人類が天空の彷徨い人を初めて望遠鏡で観察したのは、一六〇九年から一六一〇年にかけての冬のことであった。ガリレオ・ガリレイは、一六〇八年にオランダで望遠鏡が発明されたと聞いただけで、自ら設計した望遠鏡を自ら製作し、それを使って惑星を観察し、惑星が天体であり、おそらくそれぞれが独自の世界なのであろうことを見出した。惑星のひとつ、金星は、月と同じように周期的に満ち欠けした。「三日月」型の金星、「ギボス（凸月）」型（訳注　半月と満月のあいだの形）の金星、「満月」型の金星が観察できたのだ。もうひとつの惑星、木星は、自分の周囲を回転する衛星をいくつも持っており、ガリレオはそのなかで最も大きい四個を発見した。ガニメデ、カリスト、イオ、エウロパである。これらの衛星は、木星の名前の由来となったローマ神話のユピテル（訳注 木星は英語でジュピター）に対応する、ギリシア神話の神、ゼウスの生涯や治世に関わりのある人物の名前にちなんで命名されている。

満ち欠けすることをはじめとする、金星の空における動きの特徴を説明する最も単純な方法は、惑星は地球ではなく太陽の周囲を回転しているとすることであった。実際、ガリレオが観察したさまざまな事実は、コペルニクスが思い描き、理論化した宇宙を強く支持していた。

木星の衛星は、コペルニクスの宇宙観をさらに一歩推しすすめた。ガリレオの二〇倍の望遠鏡は、木星の衛星を光の点以上に拡大することはできなかったけれども、それまで誰も見たことのなかった、「地球以外の何かの周囲を回転する天体」の観察を可能にしたのである。これは、宇宙の観察で得られた単純な事実を率直に述べただけのものだったのに、カトリック教会と「常識」は、これを絶対に受け入れようとしなかった。ガリレオは、自分の望遠鏡を使い、地球は宇宙の中心に位置しており、ほかのすべての物体は地球の周囲を回転しているという教義（ドグマ）に矛盾する事実を発見した。彼は一六一〇年前半に、『星界の報告』と自ら名づけた、短いが大きな影響力を持った著書のなかで、この説得力ある知見を報告した。

コペルニクスによる宇宙モデルが広く受け入れられるようになると、当時知られていた天界は、太陽系という正当な名前で呼ばれるようになり、地球は、知られている六つの惑星のひとつという妥当な地位に納まった。六つ以上の惑星が存在するとは誰も想像していなかった。一七八一年に七つめの惑星を発見した、サー・ウィリアム・ハーシェルさえも例外ではなかった。

じつのところ、七つめの惑星について、記録に残る最初の観測をした功績は、イギリスの天文学者で、最初の王立天文台長、ジョン・フラムスティードに帰する。だが、フラムスティードは、一六九〇年にこの天体を見つけた際、これが動くことには気づかなかった。彼はこれを空にあるたくさんの恒星のひとつだと考え、おうし座三四番星と名づけた。ハーシェルは、フラムスティードが発見した「恒星」が背景の星たちに対してさまようように動くのを確認した際に、自分は彗星を発見したと発表した。惑星は、誰かが発見できるようなものではないと無意識に思い込んでいたのだ。なんといっても、彗星のほうは、動くものとして知られていたし、発見できるものだった。ハーシェルは、この新発見の天体を、自分の庇護者であるイングランド王、ジョージ三世にちなんで、ゲオルギウム・シドゥス（「ジョージの星」）と名づけようと考えた。天文学者たちのコミュニティーがこの願いを尊重していたなら、われわれの太陽系の惑星名簿は、「水星、金星、地球、火星、木星、土星、ジョージ星」となっていただろう。そんなお追従は打ち砕かれて、この天体は結局、ほかの惑星と同じように古代神話を元に命名され、ウラヌスと呼ばれることになった（訳注　日本では、中国で作られた訳語、「天王星」で呼ばれるようになった）。だが、フランスやアメリカの一部の天文学者たちは、八つめの惑星、海王星が発見された数年後の一八五〇年になるまで、天王星を「ハーシェルの惑星」と呼びつづけた。

時の経過に伴い、望遠鏡は大型化を続け、解像度も徐々に向上したが、天文学者たちが惑星を観察して見分けることのできる詳細な情報は、それほど良くなっていない。どの望遠鏡も、そのサイズには関わりなく、惑星を観察するには、地球を取り巻いている、絶えず荒々しく流動している大気を通して見るほかないわけで、したがって、最高の画像でさえも依然として多少ぼやけているのである。しかし、果敢な観察者たちはそんなことでくじけたりせず、木星の大赤斑、土星の環、火星の極を覆う氷の層、そして、いくつかの惑星が持っている数十個の衛星などを次々と発見している。それでもなお、惑星に関するわれわれの知識はまだまだお粗末だ。だが、知らないこと、わからないことが潜んでいるところにこそ、発見と想像の前線も隠れているのである。

パーシヴァル・ローウェルの場合はどうだったのか、考えてみよう。彼は、裕福なアメリカの実業家であったが、想像力が旺盛で、天文学者となり、一九世紀末から二〇世紀初頭にかけて研究を行なった。ローウェルの名前は、彼が主張した火星の「運河」と金星の「スポーク」、惑星Xの探究、そして、アリゾナ州フラッグスタッフに私財を投じて建てたローウェル天文台とともに、永遠に忘れられることはないだろう。当時世界中の大勢の研究者たちがそうであったように、ローウェルも一九世紀後半にイタリアの天文学者ジョヴァンニ・スキャパレリが発表した、火星の表面に見られる直線的な模様は、「canali」だという説に飛びついた。

問題は、イタリア語の「canali」という言葉は、英語では「channels」に当たり、「水路」、「溝」など、細長い水の流れを一般的に指すのだが、ローウェルはまずいことに、これを「canals（運河）」と英訳してしまった。それは、火星に見られる模様は、地球において大規模公共事業で造られる運河の大きさと同じぐらいだと考えられていたためである。ローウェルの想像力は暴走し、高度な技術を持った火星人たちが建設したに違いない（あるいは、彼がそうに違いないと熱狂的に信じた）、「赤い星」火星の水路網を観察し、そのマップを作成することに没頭した。彼は、火星の各都市は、手近な水源を使い果たしてしまい、火星の極地を覆っているという通説があった氷冠から、赤道付近にある人口集中地域へと水を運ばねばならなくなったのだと考えていた。この説はじつに魅力的であり、これを元に、実話かと思わせるほど具体的で真に迫った物語がいくつも書かれた。

ローウェルは、高い反射性を持つ雲で常に覆われているために、夜空で最も明るい物体のひとつとなっている金星にも夢中になった。金星は、太陽にかなり近い軌道を回転しているため、太陽が沈むと同時に――あるいは、太陽が昇った直後に――、ほの暗い空に見事に輝く姿が見られる。そして、日没や日の出のころのほの暗い空はさまざまな色彩に満ちているので、光を放つUFOが地平線の上でゆらゆら浮かんでいるという警察への緊急電話通報が絶えないのである。

　ローウェルは、金星には、ある場所に置かれたひとつの中央ハブからスポークが何本もほぼ放射状に突き出た大規模なネットワーク構造（やはり、多数の「canali」）があると主張した。だが、彼が見たというスポークは、いつまでたっても謎のままだった。じつのところ、彼が火星と金星で見たものを確認できた者は誰もいなかった。しかし、だからといってほかの天文学者たちはそれほど気に病まなかった。というのも、ローウェルが山頂に建てた天文台は世界最高の天文台のひとつだと誰もが知っていたからだ。したがって、火星における活動をローウェルが見たとおりに観察できないとしたら、それは使っている望遠鏡か、観測場所にしている山がローウェルのものほど良くないからだった。

　もちろん、望遠鏡が改良されてからも、ローウェルの発見を確認できた者は誰もいなかった。そして今日この逸話は、何かを信じたいという強い気持ちが、正確で信頼性のあるデータを取らねばならないという必要をないがしろにしてしまった例として語り継がれている。しかも奇妙なことに、ローウェル天文台でどんな状況があって、こんなことになってしまったかについては、二一世紀になるまで誰も説明できなかったのである。シャーマン・シュルツという名の、ミネソタ州セントポールの検眼士が、『スカイ・アンド・テレスコープ』という専門誌の二〇〇二年七月号の記事に対して手紙を書いた。そのなかでシュルツは、ローウェルが金星の表面を観察するのに好んで使った望遠鏡の光学系の配置が、患者の眼の内部を検査するのに使う装置と同じであることを指摘した。ほかに二、三人の検眼士に相談したすえに、シュルツは、ローウェルが金星の上に見たものは、じつは、彼自身の網膜に映った彼の眼血管の影だったのだと結論した。ローウェルがスケッチしたスポークの図を眼血管の分布図と比較すると、運河がちょうど血管に対応し、両者はよく一致するのがわかる。そして、ローウェルは高血圧症だった――この病気にかかった人は、眼球の血管に症状がはっきりと現れる――という気の毒な事実と、彼がスキャパレリの説を信じたいという強い気持ちを持っていたことを考えあわせれば、彼が金星も火星も、知性と技術的能力を備えた住民に溢れていると判断したのも無理はないとわかる。

痛ましいことに、ローウェルは、海王星の外側に存在すると考えられていた惑星Xの探究においても、やはりあまりいい成果は挙げられなかった。一九九〇年代中ごろに天文学者のE・マイルス・スタンディッシュ・ジュニアが決定的に示したとおり、惑星Xは存在しない。だが、ローウェルの死後一三年ほど経った一九三〇年二月にローウェル天文台で発見された冥王星は、しばらくのあいだ惑星Xではないかと考えられていた。しかし、ローウェル天文台がこの華々しいニュースを発表してから数週間のうちに、一部の天文学者たちは、冥王星はほんとうに九つめの惑星としていいのだろうかという議論を始めた。わたしも関わりのあるニューヨークのローズ地球・宇宙センターでも最近、冥王星を惑星ではなく彗星として展示することに決めたのだが、おかげでわたし自身、期せずしてこの議論に参加することになってしまった。断言してもいいが、決着はまだまだ付きそうにない（訳注　二〇〇六年八月の国際天文学連合総会で惑星の定義が定められ、冥王星は準惑星とされた）。小惑星（アステロイド）、プラネトイド、微惑星（プラネテジマル）、大型微惑星、氷状微惑星、小型惑星（マイナー・プラネット）、準惑星（ドゥウォーフ・プラネット）、大型彗星、カイパー・ベルト天体、太陽系外縁天体、メタン・スノーボール、ミッキーの間抜けなブラッドハウンド（訳注　ミッキーマウスの飼い犬、プルートのこと。プルートは実際、冥王星にちなんで名づけられた）――ほかにどんな名前で呼んでもかまわないが、第九の惑星では絶対にないと、われわれ反対論者は主張する。冥王星は、とにかく小さすぎ、軽すぎ、低温すぎ、軌道の離心率も大きすぎ、あまりに不品行だ。ついでながら、冥王星の外側で発見された、大きさと振舞いが冥王星に似た三、四個の天体を含め、最近注目を集めている惑星候補たちについても、われわれは同じ意見である。

時とともに技術も進んだ。一九五〇年代になると、電波望遠鏡による観測と、写真撮影技術の向上によって、惑星について興味をそそる事実が次々と発見されるようになった。一九六〇年代には、人間とロボットが、太陽系を構成するメンバーである惑星の写真を撮影するために地球を離れるようになった。そして、新しい写真が撮られ、新しい事実が明らかになるたびに、無知のカーテンは少し、また少しと、開かれていった。

美と愛の女神にちなんで英語ではヴィーナスと呼ばれる金星は、じつは、ほとんど不透明な大気に厚く覆われていることがわかる。金星の大気は、主に二酸化炭素からなり、地球の海面気圧の一〇〇倍近い圧力を金星表面にかけている。さらに悪いことには、表面気温は摂氏五〇〇度近くある。金星の表面では、直径四〇センチのペパロニ・ピザを、七秒間大気に曝(さら)すだけで焼くことができる（計算はわたしがちゃんとやったので、数字は合っている）。ここまで極端な条件だと、金星へ送ってみようかと思いつくほとんどすべてのものは、一瞬かそこらで、押しつぶされるか、融(と)けるか、蒸発するかのいずれかの運命となるので、金星の宇宙探索にはひじょうに困難な問題がいくつも生じる。したがって、この棲(す)む者とてない星の表面からデータを収集するなら、超耐熱性の装備をして行くか、あるいは、できるかぎり短時間で済ますか、いずれかである。

ついでながら、金星が高温なのは偶然ではない。金星の大気に含まれる高濃度の二酸化炭素が赤外線のエネルギーを閉じ込め、それによって温室効果が起こり、それは悪循環となって悪化の一途をたどる。そのような次第なので、金星を覆う雲の最上部が太陽から届く可視光の大部分を反射しているにもかかわらず、地面の岩や土は、反射されずにそこまでたどり着いたわずかな可視光を吸収する。この可視光は、赤外線として地面から再放射され、大気にどんどん蓄積し、ついには驚異のピザ焼き竈を作り、そして現在それを維持しているのである。

余談になるが、金星に生命体が発見されたとしたら、火星（マース）の住民をマーシャンと呼ぶのにならって、「ヴィニューシャン」と呼ぶことになるのだろう。ラテン語の金星（ウェヌス）から派生した形容詞としては「ヴィニリアル（Venereal）」というのもあるが、これは英語では「性病に罹った」という意味をすでに持っている。残念ながら、医者たちのほうが、天文学者たちよりも先にこの言葉を使いはじめていた。だが、天文学者たちを責めることはできないだろう。性病は天文学が始まるよりもずっと早くからあったのであり、性病をもたらす職業が世界で最も古い職業なら、天文学者はせいぜい、世界で二番めに古い職業としか言えないのだから。

太陽系のそれ以外の要素については、日ごとに親しみ深さが増している。火星に初めて近接飛行したのは、一九六五年のマリナー四号で、このとき「赤い惑星」の史上初の近接写真が地球に送られてきた。ローウェルの狂気の沙汰ともいえるほどの入れ込みようにもかかわらず、一九六五年になるまでは、火星の表面については、赤く、極は氷冠に覆われており、明るいところと暗いところがまだらに存在しているという以外には、どのような状況なのか誰も知らなかった。山がいくつもあり、また、幅も深さも長さも、グランド・キャニオンをはるかにしのぐ峡谷群が存在することなど、誰も知らなかった。地球最大の火山――ハワイのマウナケア山を、海底から測った高さで比べても――とは比べものにならないほど大きな火山がいくつもあることも、誰も知らなかったのである。

また、かつては火星の表面には液体の水が流れていたという証拠にも事欠かない。火星には、アマゾン川と同じぐらい長く幅広い河床（水は涸れている）が幾筋も存在し、また、クモの巣状に分岐した川筋（水は涸れている）、氾濫原（水は涸れている）なども多数見られる。砂塵が舞う岩だらけの火星表面をゆっくりと進んだ火星探査ローバーは、水が存在するときにのみ形成される表面鉱物を確認した。そう、水の存在の兆候はいたるところにあるのに、飲めるような水は一滴も存在しないのだ。

火星や木星では、何か悪いことが起こったに違いない。何か悪いことは、地球でも起こりうるのだろうか？　人類は、長期的な結果には無頓着に、何列にも並んだ、環境に影響を及ぼすパラメータに対応するダイヤルをどんどん回している。宇宙で一番近いご近所さんである火星や金星の研究が進んで、われわれが否が応でも自省しなければならなくなる以前は、地球に関してこのような問題を提起しうることに気づいていた者すらいなかったはずだ。

もっと遠くにある惑星をよりよく観察するためには、宇宙探査ロケットが必要だ。太陽系を脱出した最初の宇宙ロケットは、一九七二年に打ち上げられたパイオニア一〇号と、一九七三年に打ち上げられた、これとほぼ同型のパイオニア一一号だ。どちらも、打ち上げの二年後に木星を近接通過し、途中で木星の周回も行なっている。両機とも、まもなく地球から一六〇億キロメートルの地点を通過する予定（訳注　本稿の初出である二〇〇四年当時）だが、これは、冥王星までの距離の二倍に相当する。

だが、パイオニア一〇号も一一号も、打ち上げ時には、木星以上に遠方まで到達するに十分なエネルギーを与えられていたわけではなかった。与えたエネルギーで到達できるよりも遠方まで宇宙ロケットを飛行させるにはどうすればいいのだろう？　目標に狙いを定め、ロケットを発射し、太陽系のなかに存在しているすべてのものによって決まる重力の「流れ」に沿ってロケットが進むに任せればいいのだ。そして、天体物理学者たちは、高精度で軌道を計算できるので、探査ロケットは、訪問する惑星の周囲でスイングバイと呼ばれる、ゴム紐で小石を飛ばす玩具のパチンコの要領で、公転する惑星の運動エネルギーを奪う操作を何度も繰り返して、必要なエネルギーを獲得することが可能なのだ。軌道力学の研究者たちは、今ではこのような重力によるアシストにひじょうに精通しており、プールシャークと通称されるビリヤード詐欺師もうらやむほどである。

パイオニア一〇号と一一号は、地球の上から得ることが可能であったそれまでの画像よりもはるかに良好な、木星や土星の画像を送信してきた。しかし、これらの外惑星がアイドル的存在となったのは、ボイジャー一号と二号という、科学機器と撮像装置を一式装備して一九七七年に打ち上げられた二機の姉妹ロケットのおかげだった。ボイジャー一号と二号は太陽系を、当時の世界中の市民のお茶の間へと持ち込んだのである。これら一連の宇宙探査飛行がもたらした意外な利益のひとつが、外惑星の衛星は、惑星がそうであるように、一つひとつがまったく異なっており、また、ひじょうに面白いとわかったという点だ。かくして、惑星の衛星たちは、つまらない光の点という状態を卒業して、われわれが注目し、親愛の情を感じるに値する世界となったのである。

わたしがこれを書いている時点で、NASAの土星探査機カッシーニは、土星の周囲を回転しながら、土星そのものや、土星の驚異的な環や、いくつもの衛星について詳しい調査を続けている。他の惑星の重力を利用するスイングバイを四回行なってエネルギーを補ったあとカッシーニは、欧州宇宙機関が設計し、土星の環を初めて特定したオランダの天文学者、クリスティアーン・ホイヘンスにちなんで名づけられた惑星探査機ホイヘンスを切り離し、目指す土星の衛星タイタンに見事に着陸させた。ホイヘンスは、土星最大の衛星であり、濃い大気を持っていることが知られている太陽系唯一の衛星であるタイタンの大気のなかを下降していった。タイタンの表面は有機分子が豊富で、生物が登場する以前の初期の地球に比すべき最良の候補であろうと考えられる。現在、これと同じことを木星に対して行ない、木星とその七〇を超える衛星に関して長期的な調査を可能にすることを目的とする、NASAの総合的なミッションがほかにいくつも計画されている。

一五八四年、イタリアの司祭にして哲学者のジョルダーノ・ブルーノは、『無限、宇宙および諸世界について』のなかで、「無数の太陽」と「これらの太陽の周囲を回転する無数の地球」の存在を提唱した。それだけでなく、輝かしく全能たる創り主という前提から演繹して、これらの地球のそれぞれには、生き物が存在するとまで主張した。これらの冒瀆的な罪によって、カトリック教会はブルーノを火刑に処した。

だが、ブルーノはこれらの考え方を何らかの形で表明した最初の人物でもなければ、最後の人物でもなかった。先人は、紀元前五世紀のギリシアの哲学者デモクリトスから、一五世紀ドイツの枢機卿（すうきけい）ニコラウス・クザーヌスまで、何人もおり、継承者には、一八世紀の哲学者、イマヌエル・カントや、一九世紀の作家、オノレ・ド・バルザックなどが含まれる。ブルーノが、そのような考えを主張するだけで処刑されてしまうような時代に生まれてしまったのは、まったく不運だった。

二〇世紀のあいだに天文学者たちは、地球上におけるのと同じように、地球以外の惑星の上でも、それらの惑星がある恒星の「居住可能地帯」——水が蒸発するほど近すぎもせず、水が凍りつくほど遠すぎもしない帯状の領域――の範囲内を回転していさえすれば、生命が存在する可能性があることを突き止めた。われわれが知っているような生命には水が必要であることは確かだが、しかし、生命には、究極のエネルギー源としての恒星の光も必要であると、誰もが頭から決めてかかっていた。

だがその後、これら外惑星のうち、木星の衛星、イオとエウロパは、太陽以外のエネルギー源によって熱せられていることが発見された。イオは、太陽系のなかで最も火山活動が活発な場所で、硫黄分を多量に含むガスを大気に噴出し、四方に溶岩を吐き出している。また、エウロパには、表層の氷の下に、深い海が一〇億年前から存在することはほぼ確実である。固体状であるこれら二つの衛星の内部には、木星の潮汐力の影響でエネルギーが送り込まれており、そのため氷が融解して、太陽エネルギーなしに生命を維持できるような環境が生じている可能性もある。

ここ、地球においてさえも、まとめて好極限性微生物と呼ばれる新しいカテゴリーに属する生物たちは、人間にとっては有害な条件のもとで増殖する。そもそも、「居住可能地帯」という概念には、室温こそが生命にとってちょうどいいのだという偏見が含まれていた。しかし、生命体のなかには、数百度という高温の水槽を好み、室温などまったく住めない環境だと判断するものもある。彼らにしてみれば、われわれこそ好極限性生物なのだ。以前は居住不可能と考えられていた地球上のさまざまな場所が、このような生物にとっては住処（すみか）となる。デスヴァレー（高温で乾燥した巨大な窪地）の底や、海の底の熱水噴出孔、核廃棄物貯蔵地などがそのような場所の例だ。

生物は、これまで考えられていたよりもはるかに多様な場所で出現しうるという知識を得て、宇宙生物学者たちは、かつての限定的だった居住可能地帯という概念を拡張してきた。今日われわれは、このような地帯には、最近発見された耐久性を持つ微生物と、それを維持することのできる多様なエネルギー源が存在しているに違いないということを知っている。そして、まさにブルーノらが推測したように、存在が確認された太陽系外惑星の一覧表は、どんどん長くなっている。その数は目下一五〇を超えており、そのすべてがこの一〇年ほどで発見されている。

われわれは、先達（せんだつ）たちが想像したとおり、生物はいたるところに存在するらしいという考え方を復活させる。ただし現代に生きるわれわれは、自分の命を犠牲にする危険をおかすことなく、また、生物はたくましく、生命居住可能領域（ハビタブル・ゾーン）はもしかしたら宇宙そのものと同じ大きさなのかもしれないという新発見の知識をもって、そうするのである。

第8章　太陽系の放浪者

数百年にわたって、われわれの天空の隣人たちの目録は、まったくといっていいほど変わっていなかった。載っていたのは、太陽、恒星、惑星、惑星に付随する数個の衛星、そして彗星であった。惑星が一個か二個加わっても、全体としての基本的な成り立ちには影響しなかった。

ところが、一八〇一年の元日、新たな項目が加わった。それは、天王星を発見したサー・ウィリアム・ハーシェルによって、一八〇二年に「小惑星（アステロイド）」と名づけられた。続く二〇〇年にわたり、天文学者たちはこれら放浪者たちを膨大な数発見し、連中の本拠地を特定し、成分を推測し、大きさを見積もり、形状を捉え、軌道を計算し、探査機を表面に着陸させた。その結果、太陽系の家族アルバムは、小惑星のデータ、写真、生活史でいっぱいになった。研究者のなかには、小惑星は彗星の、あるいは惑星の衛星の親戚だと言う者もいる。そして、まさに今この瞬間も、一部の天体物理学者や技術者は、招いてもいないのに地球に近づこうとしている大きな小惑星があれば、その軌道を逸らす方法を考案しているのである。

太陽系に存在する小さな天体を理解するためには、まず大きな天体、特に惑星を調べねばならない。惑星に関するひとつの興味深い事実が、一七六六年にヨハン・ダニエル・ティティウスというプロイセンの天文学者が提案した、極めて単純な数学的法則に捉えられている。この数年後、ティティウスの同僚のヨハン・エラート・ボーデが、ティティウスの功績には一切触れずにこの法則を世に広めたので、今日もなおこの法則は、ティティウス－ボーデの法則、あるいは、ティティウスの貢献を完全に無視して、ボーデの法則と呼ばれている。彼らの便利な公式は、惑星と太陽の距離について、少なくとも当時知られていた惑星、すなわち水星、金星、地球、火星、木星、土星に対しては、かなり良い見積もりを与えることができた。実際一七八一年には、すでに相当広まっていたティティウス－ボーデの法則は、太陽から八つめの惑星である海王星の発見を助けたのである。すごい。ということは、この法則はたまたまうまく太陽系にあてはまっているのか、あるいは、太陽系がいかにして形成されたかに関する何らかの基本的な事実を体現しているかのいずれかである。

ところが、この法則はそれほど完璧ではない。

問題その1。水星の正しい距離を得るには、公式では一・五となっている数字をゼロに替えるというちょっとしたごまかしが必要だ。問題その2。八つめの惑星である海王星は、公式で予測されるよりもかなり遠方にあり、本来なら九つめの惑星があるべき軌道を周回していることがわかった。問題その3。一部の人々が今なお九つめの惑星*と呼ぶべきだと主張している冥王星は、ほかにも数々あるその地位を巡る問題と同じように、この公式が与える算術的な数列から大きく外れている。

また、この法則に従えば、火星と木星のあいだ、太陽から約二・八天文単位†離れたところを周回している惑星がひとつ存在するはずだった。ティティウス－ボーデの法則が予言する距離にほぼ一致する場所に冥王星が発見されたことに勇気づけられて、一八世紀末の天文学者たちは、二・八AU（天文単位）付近の領域をつぶさに調べるのがいいと考えた。そして、はたせるかな、一八〇一年の元日、パレルモ天文台の創設者であるイタリアの天文学者、ジュゼッペ・ピアッツィが、そこに何かを発見した。その後この天体は太陽のまぶしい光に隠れて見えなくなったが、ちょうど一年のち、ドイツの数学者、カール・フリードリヒ・ガウスのすばらしい計算の助けによって、天空の別の場所で再発見された。誰もが興奮した。数学の勝利と望遠鏡の勝利によって、新しい惑星が発見されたのである。ピアッツィ当人が、惑星は古代ローマの神々にちなんで名づけるという伝統にならって、この天体にローマの農業の女神、ケレスの名を与えた(「シリアル」という言葉と同じ語源だ)。

しかし、天文学者たちがもう少し厳しい目を向けて、ケレスの軌道、距離、明るさを計算したところ、この新しい天体は、惑星と呼ぶにはかなり小さいことがわかった。その後数年以内に、このような小さな「惑星」がさらに三つ――パラス、ジュノー、ヴェスタ――、同じ領域に見つかった。数十年かかったが、ハーシェルが提案した「小惑星(アステロイド)」(まさに、「星のような」ものという意味)という言葉は、結局定着した。というのも、当時の望遠鏡でも円盤状に大きめに見えた惑星とは違い、新発見の天体は、その動きによる以外、恒星と区別することができなかったからだ。さらに観察すると、小惑星はひじょうにたくさんあることがわかり、一九世紀の終わりには、二・八AU付近の帯状をした天空の地所の周辺で、四六四個が発見されていた。小惑星は、蜂の巣の周りに群

＊　ニューヨーク・シティのローズ地球・宇宙センターでは、組成に氷を多く含む冥王星を「彗星の王」、つまり大型彗星のひとつと見なした展示をしている。このほうが「おちびの惑星」、つまり異常に小さい惑星と見なすよりも、より事実に即しているし、冥王星も喜ぶに違いない。

†　天文単位は、天文学で使用される長さの単位で、地球と太陽の平均距離を一天文単位と定義する。

がる蜂のように、太陽の周囲四方八方に均等に分布しているのではなく、比較的幅の狭い帯に分布していることがわかったため、この領域は小惑星帯（アステロイド・ベルト）と呼ばれるようになった。

現在では、数万個の小惑星が一覧表に記載されており、毎年数百個ずつが新たに発見されている。すべての小惑星のうち、一〇〇万個以上が、直径八〇〇メートル以上の大きさをしているだろうという推定もいくつか発表されている。誰もが知ってのとおり、いくら複雑な関係を持っていたローマの神々や女神たちでも、一万人も友人はいなかったので、天文学者たちは、ローマ神話から天体の名前を取ってくる慣習にはとうの昔に見切りをつけねばならなかった。そのため小惑星は、今では俳優、画家、哲学者、劇作家、さらに、都市、国、恐竜、花、季節など、ありとあらゆるものにちなんで名づけることができる。普通の人々までもが、自分にちなんだ名前を小惑星に付けてもらっている。ハリエット、ジョーアン、ラルフが、ひとつずつそんな惑星を持っている。一七四四ハリエット、二三一六ジョーアン、五〇五一ラルフというのがそれら小惑星の名前だ。数字は、その小惑星の軌道がはっきりと特定された順番を示す。カナダ生まれのアマチュア天文学者で彗星愛好家たちの守護聖人であるうえに、小惑星も多数発見しているデイヴィッド・H・レヴィは、親切にも、自分が発見した小惑星のひとつを選んで、それに、一三一二三タイソンという、わたしにちなんだ名前を付けてくれた。彼がこのようなことをしてくれたのは、われわれが二億四〇〇〇万ドルかけて、宇宙を馴染み深いものにすることに焦点を当てたローズ地球・宇宙センターを開設した直後のことだった。わたしはデイヴィッドの行為に深く感動し、また、一三一二三タイソンの軌道データから、この小惑星はもっぱら小惑星のメイン・ベルトにあるほかの小惑星のあいだを動いており、地球の軌道と交差することはないので、地球で暮らす生物を絶滅の危機に追いやる心配はないことをすぐに確認した。これが確認できたのはじつにありがたい。

小惑星のなかでは、直径約九五〇キロメートルと最も大きいケレスのみが球形である。ほかの小惑星はこれよりはるかに小さく、犬に与えるおもちゃの骨やアイダホ・ポテトのようないびつな形のごつごつした破片状だ。興味深いことに、ケレス一個で小惑星すべてを合わせた質量の約四分の一を占める。さらに、十分大きくて見ることができるすべての小惑星の質量と、もっと小さくて、その存在はデータから推し量るしかない小惑星すべての質量を足し合わせても、惑星一個分の質量にはとうてい届かない。地球の衛星、月の質量の約五パーセントにしかならないのである。そのようなわけで、二・八ＡＵの場所に立派な惑星が一個隠れているというティティウス－ボーデの法則からの予言は、ちょっと大きく見積もりすぎていたようだ。

ほとんどの小惑星はもっぱら岩だけでできているが、なかには、金属だけでできているものや、両者が混じり合っているものもある。大部分のものは、火星と木星のあいだのメイン・ベルトと呼ばれる領域に存在している。小惑星は、太陽系の形成期に使われなかった残り物――惑星に組み込まれることなく残った物質――からできているとよく言われる。だがこの説は、せいぜい不完全と言うほかないしろもので、金属だけからなる小惑星も存在するという事実を説明できない。どういうことなのかを理解するには、まず、太陽系にあるもっと大きな天体がどのようにしてできたのかを考える必要がある。

惑星は、ガスと塵の雲に、豊富な元素を含む恒星が爆発して散乱した残骸が加わって豊かになったものが凝集してできた。崩壊する雲は、原始惑星を形成する。原始惑星は固体の塊で、その物質がどんどん増加していくにつれて高温になる。大きい原始惑星では、二つのことが起こる。ひとつには、原始惑星は球形の塊になる傾向がある。二つめとしては、内部の熱のおかげで大型原始惑星は、重い成分――主に鉄で、それに、少量のニッケルと、ごく微量のコバルト、金、ウラニウムなどの金属が混ざっている――がかなり長いあいだ溶融状態にあるため、徐々に大きくなってゆく全体の中心に沈み込んでゆく。その一方で、もっとありきたりの軽い成分――水素、炭素、酸素、ケイ素――が表面へと浮かび上がる。長たらしい言葉にもたじろがない地質学者たちは、このプロセスをディファランシエーション（訳注　differentiation。日本語では「分化」で、長くはない）と呼ぶ。このようなわけで、地球、火星、金星のように、分化が起こった惑星では、コアは金属で、マントルと殻（クラスト）は主に岩からなり、しかもコアよりもはるかに大きな容積を持つようになる。

このような惑星が一旦（いったん）冷えたあと、たとえば別の惑星と衝突するなどの理由でばらばらに粉砕してしまったとすると、これらの惑星の破片は、元々の破壊される前の惑星とほぼ同じ軌道で太陽の周囲を回転しつづけるだろう。これらの破片の大部分は、二つの惑星の、外側の分厚い岩の層に由来しているのだから、岩の成分からなるはずだ。そして、ほんの一部の破片だけが、純粋に金属からできているだろう。これは、実際の小惑星の研究で確認されている事実とぴったり一致する。それに、ある程度の大きさを持つ鉄の塊が、恒星間空間で形成されたとは考えられない。なぜなら、そのようなところで鉄の塊ができたとしたら、それをなしている個々の鉄原子は、惑星を形成したガス雲の全域に拡散されていたことになるが、実際には、ガス雲はもっぱら水素とヘリウムでできているからだ。鉄原子が集合して塊になるためには、まず初めに、溶融した液状の物体が分化しなければならないのである。

しかし、太陽系を研究している天文学者たちは、メイン・ベルトに存在する小惑星のほとんどが岩でできていると、どうして知ることができるのだろう？　というか、そもそもこれらについて何事かがわかるなんて、いったい何を手がかりにするのだろう？　一番の指標は、その小惑星が光を反射する程度、すなわちアルベド（訳注　外部からの入射光エネルギーに対する反射光エネルギーの比）である。小惑星は自ら光を放射することはなく、太陽からの光線を吸収したり反射したりするだけだ。一七四四ハリエットは赤外線を反射するだろうか？　それとも吸収するだろうか？　可視光はどうだろう？　紫外線は？　さまざまな帯域の光を、どのように吸収したり反射したりするかは物質によって異なる。あなたが（天体物理学者と同じぐらい）太陽光のスペクトルに精通しており、そのうえである特定の小惑星から反射された太陽光のスペクトルを注意深く観察するとしたら、元々の太陽光がどのように変化したかを見極めることができ、それを元に、小惑星の表面を構成している物質を特定することができるだろう。そして、その物質からどれだけの光が反射されるかもわかるだろう。この数値と距離から、小惑星の大きさを見積もることができる。あなたの最終的な目的は、小惑星は夜空でどの程度明るく見えるかを説明することだ。答えはおおまかに三通りある。ものすごく暗くて大きいか、ひじょうに反射性が高くて小さいか、さもなければこれらの中間か、のいずれかだ。だが、組成がわからない状況で、ただ小惑星の明るさを見るだけでは答えはわからない。

このような手法でスペクトルを分析することによって、当初、小惑星はごく単純に、炭素が豊富なC型、ケイ酸が豊富なS型、そして、金属が豊富なM型という、三種類に分類された。だが、その後のより高精度な測定を受けて、アルファベットを冠した一〇ほどの分類型が規定されている。これらの分類型は、単一の天体ではなく、複数の天体が衝突してばらばらに破壊されてできたのだと示唆するような、微妙な違いを示す組成を持つさまざまな小惑星を、きちんと区別できるように規定されている。

ある小惑星について、その組成がわかれば、その密度もある程度わかったと考えていい。興味深いことに、一部の小惑星では、得られた大きさと質量の値を使って計算すると、岩よりも密度が低くなる。これに対するひとつの論理的な説明は、これらの小惑星は固体ではなかったということだ。だが、何かほかの物質が混ざっていた可能性もあるのではないか？　ひょっとしたら氷などが？　いや、その可能性は低い。小惑星帯はかなり太陽に近いところにあるので、どんな種類の氷（水、アンモニア、二酸化炭素〔訳注　天文学では、宇宙空間に存在する水以外の低分子の固体を氷と呼ぶことがある〕）――これらの氷はすべて、密度は岩より低い――も、太陽の熱のせいでとうの昔に蒸発していただろう。おそらく、低密度の小惑星の内部では、岩や瓦礫がぐちゃぐちゃに動きまわっていたために、たくさんの隙間ができたのであろう。

この仮説を支持する最初の観察結果は、一九九三年八月二八日に宇宙探査機ガリレオが近接飛行を行なった際に撮影した、約六〇キロメートルの長さを持つ長細い小惑星、イダの画像に写っていた。半年後、イダの中心から約一〇〇キロメートルのところに小さな点があるのが認められ、この点は、直径一・六キロメートルの小石のような形の衛星であることが判明した。ダクティルと名づけられたこの天体は、小惑星の周囲を回転する衛星として、初めて観察されたものである。小惑星の衛星は珍しいものなのだろうか？　ある小惑星に衛星が一個あるのなら、その小惑星が二個、あるいは一〇個、いや、一〇〇個の衛星を持っている可能性はないのだろうか？　この問いは、次のように言い換えることもできる。「小惑星のなかには、たくさんの岩がゆるやかに集まったものと見なせるものもあるのではないだろうか？」

答えははっきりと、「イエス」である。このような小惑星は、現在では正式にラブルパイル（「瓦礫の山」という意味）と呼ばれているが（ここでは、天体物理学者たちは、長々しく厳しい言葉ではなく、本質を突いた表現を選んだ）、天体物理学者のなかには、このようなものはおそらくごくありきたりに存在するのだろうとまで考えている者もいるようだ。この種の小惑星のなかで最も極端な例のひとつとして、プシュケが挙げられるだろう。これは、平均直径約二四〇キロメートルで、反射性があり、したがって表面は金属からなると推測される。しかし、平均密度の推測値からは、プシュケの内部は七〇パーセント以上が空虚な空間である可能性が極めて高いことがわかる。

メイン・ベルトと呼ばれる最大の小惑星帯以外の場所に存在する天体を研究しはじめればすぐに、地球の軌道と交差する殺人的な小惑星、彗星、そして、惑星に付随する無数の衛星など、太陽系に存在しているほかの放浪者たちに出くわす。彗星は宇宙の雪球だ。通常は直径一〇キロメートルもなく、凍ったガス、凍った水、塵、そして種々雑多な粒子の混合物でできている。じつのところ、彗星とは、小惑星のなかで、表面が氷で覆われており、その氷がいつまでも蒸発しきらずに残りつづけているものなのかもしれない。ある微小な天体が小惑星なのか彗星なのかという問いは、つまるところ、それがどこで形成されてどこに存在してきたかという点に帰するのだろう。ニュートンが一六八七年に、万有引力の法則を展開した『プリンキピア』を出版するまでは、彗星というものが存在し、惑星のあいだを運動し、ひじょうに細長い楕円の軌道を描いて、太陽系を出たり入ったりしながら回転しているなど、誰も思いもよらなかった。カイパー・ベルトであれ、その向こうであれ、太陽系の果てで形成された氷の破片は、氷で覆われた状態をいつまでも維持しているので、彗星特有の細長い楕円軌道を進みながら太陽に接近しつつあるところを目撃したなら、内太陽系、すなわち木星の軌道よりも内側の領域に入ると、水蒸気やその他揮発性のガスでできた、希薄だがひじょうに目立つ尾を伴っているのが観察できるだろう。このような彗星は、内太陽系を何度も（数百回、あるいは、数千回という場合もあろう）訪問したあげく、ついには氷をすべて失い、岩がむき出しになった姿になるのだろう。実際、地球の軌道と交差する軌道を運行している小惑星の、すべてとはいわないまでも、少なくとも一部は、氷が蒸発しきったあとも、その固体状の中心部がなおもわれわれを訪問しつづけている、「使い尽くされた」彗星なのかもしれないのである。

そして、天体の破片が飛んできて地上に落下してくる、隕石がある。小惑星と同じように、隕石もそのほとんどのものが岩でできており、ときおり金属も見られるという事実は、隕石は小惑星帯に由来することを強く示唆している。だが、どんどん発見され数が増えていく小惑星を研究した惑星地質学者たちには、すべての軌道がメイン・ベルトから来ているのではないことが明らかになった。

ハリウッドが好んでわれわれに思い出させるように、小惑星（または彗星）が地球に衝突する日がいつか来るのかもしれないが、このような可能性が現実味のあるものとして認識されるようになったのは、一九六三年、ユージン・M・シューメーカーが、アリゾナ州ウィンズローにある、五万年前にできたとてつもなく大きなバリンジャー大隕石クレーターが、火山活動や、その他地球で起こっている地質学的現象による力ではなく、隕石の衝突によってできたものであることを決定的に示して以来のことである。

第5部でさらに詳しく見るが、シューメーカーの発見によって、地球の軌道が小惑星の軌道と交差することについての関心が新たに高まった。一九九〇年代には、さまざまな宇宙機関が地球近傍（きんぼう）天体――彗星や小惑星で、NASAの礼儀正しい表現によると、「その軌道の形状ゆえに地球の近隣にやってくる可能性があるもの」――の追跡を始めた。

木星は、もっと遠方にある小惑星やその仲間たちの生活に大きな役割を果たしている。

木星が太陽を回る軌道上、木星と太陽の引力がつりあう位置にあたる、木星の六〇度前方と六〇度後方に小惑星の群れが形成されており、それぞれの群れと、木星と太陽を結ぶと正三角形ができる位置関係にある。幾何の問題として解けば、これらの小惑星は木星からも太陽からも五・二AUの距離にあることがわかる。これら囚われの小惑星たちは、トロヤ群と呼ばれ、太陽と木星の系の「ラグランジュ点」と呼ばれる点に位置している。次章で見るように、ラグランジュ点は、SFで出てくる牽引ビーム（訳注　SFやSFをベースにしたゲームに登場する、直線状に収束された架空の重力子ビームで、重量物を捕捉して動かすのに利用される）のように、放浪する小惑星を強く摑んで離さない。

木星は、地球に向かってやってくるたくさんの彗星の進路を変えて逸らせてくれる。ほとんどの彗星は、海王星の軌道から始まりその外側に広がるカイパー・ベルトに存在している。しかし、木星の近くまでやってくるほど大胆な彗星は、木星によって新たな軌道へと放り出される。木星が堀を守ってくれていなかったなら、地球はこれまで実際に経験したよりもはるかに頻繁に、彗星に衝突されていただろう。その存在を初めて提唱したオランダの天文学者、ヤン・オールトにちなんで命名された「オールトの雲」という彗星群は、実際、カイパー・ベルトにあった彗星が木星によってはじき出されて、最終的にこの位置に集まったものだと広く解釈されている。たしかに、オールトの雲に存在する彗星の軌道は、最も近い恒星までの距離の半分まで届いているのである。

惑星の衛星についてはどうだろう？　火星に付随する、小さく暗い、ジャガイモのような形をした衛星、フォボスとダイモスなどは、惑星に捕らえられた小惑星のように見える。だが、木星には氷で覆われた衛星もいくつか存在する。これらの衛星は彗星に分類されるべきなのだろうか？　そして、冥王星の衛星のひとつ、カロンは、冥王星とそれほど変わらぬ大きさを持っている。さらに、冥王星もカロンも氷が多い。したがって、これら二つの天体は、むしろ、二重彗星と見なされるべきだろう。惑星ではなく準惑星と見なされるようになった冥王星は、さらに二重彗星と呼ばれることになったとしても、また一向に意に介さないだろうとわたしは思う。

宇宙探査機によって、一〇個程度の彗星と小惑星が探査されている。最初のものは、アメリカが製作した、自動車ほどの大きさをしたNEARシューメーカーというロボットのような探査機で（NEARは、Near Earth Asteroid Rendezvous〔地球近傍小惑星接近計画〕のうまい略語）、これは、地球近傍小惑星エロスに軟着陸した。それは二〇〇一年のことで、しかも、ギリシア神話の恋と愛の神にちなんで名づけられたエロスにふさわしく、バレンタインデーの直前であった。着陸時は時速六・四キロメートルの速さで、探査機器も故障などの不具合は生じず、期待されていなかったにもかかわらず、着陸後二週間にわたってデータを送信しつづけた。おかげで、惑星地質学者たちは、全長約三四キロメートルのエロスは、瓦礫が寄り集まってできたラブルパイルではなくて、強固なひとつの塊であると、ある程度の確信を持って言えるようになった。

　これに続く意欲的なミッションのひとつが、彗星を核としてそれを取り巻いている、コマと呼ばれる塵の層のなかを飛行して、エアロゲルを利用した塵捕獲器の格子（グリッド）にコマの微小粒子を大量に吸着させようという、スターダスト・ミッションだ。このミッションの目的は、宇宙にはどのような種類の塵があるのかを見出し、さらに、それら塵の粒子を損傷することなく収集するという、極めて単純なものであった。これを達成するためにNASAは、エアロゲルという、これまで発明されたもののなかで幽霊に最も近い、奇妙ですばらしい物質を使った。エアロゲルは、シリカゲルのアルコール分を乾燥させて得られる、スポンジ状にもつれあったシリコン（ケイ素）で、その九九・八パーセントが隙間である。超音速で粒子が衝突したなら、粒子はエアロゲル中を突き進み、徐々に減速して、損傷を一切受けぬまま、やがて止まる。これと同じ塵の粒をあなたがキャッチャー・ミット、あるいは、ほかの何かで受け止めようとしたなら、超高速の塵粒子は表面に激突して、突然停止すると同時に蒸発してしまうだろう。

　欧州宇宙機関も宇宙で彗星や小惑星を探査している。一二年間のミッションを遂行中のロゼッタ探査機は、二年にわたってあるひとつの彗星を調査し、これまでにない近距離から多くの情報を収集したあと、メイン・ベルトにある小惑星をいくつか調べる予定である

（訳注　ロゼッタは、結局チュリュモフ・ゲラシメンコ彗星を集中的に探査することになり、二〇一六年九月、この彗星に着陸してミッションを終えた）。

これらの「放浪者」探索ミッションはすべて、太陽系の形成と進化、太陽系にどのような物体が存在しているのか、そして隕石などが衝突した際に地球に有機分子がもたらされた可能性はいかほどのものなのか、あるいは、地球近傍天体の大きさ、形状、固さなどについて説明してくれる可能性がある、極めて具体的な情報を収集することを目的としている。そして、いつもそうであるように、科学的理解を深めるものは、あなたがある対象物をいかにうまく説明するかではなく、その対象物が、既知の知識のより大きな総体と、そして、この知識の総体の休みなく広がりつづける最前線と、どのように結びつくかである。太陽系の場合は、この広がりつづける最前線に当たるのは、ほかの恒星系の探究である。科学者が次に目指しているのは、われわれと、太陽系外惑星と、「放浪者」がどのように見えるかを徹底的に比較することである。われらが太陽系という一家のあり方が普通なのか、それともわれわれは機能不全の太陽系家族のなかで暮らしているのかを知るには、これ以外の方法はない。

第9章　五つのラグランジュ点

地球の軌道を離れた最初の有人宇宙船は、アポロ八号であった。この偉業は、二〇世紀に達成された、最も驚異的でしかも予想されていなかった「世界初」の出来事のひとつとして今なお称賛されている。その瞬間がやってきたとき、宇宙飛行士たちは、打ち上げに使われた大型ロケット、サターンVの、三番めにして最後の段を切り離し、アポロの司令船は、三人の乗組員を乗せて秒速約一一キロメートルという速さで、勢いよくはるか上空へと飛び上がった。月に到達するためのエネルギーの半分が、地球を周回する軌道に乗るためだけに費やされたのである。

第三段が切り離されたあとは、宇宙飛行士たちが月とはまったく違う方向に行ってしまわないようにするための中間軌道修正で使う以外は、エンジンはもはや不要だ。四〇万キロメートル近い旅の九〇パーセントで、地球からの逆向きの引力が、徐々に弱くなりながらもずっと働いているので、司令船の速度はだんだん遅くなる。この間、宇宙飛行士たちが月に近づくにつれ、月の引力はどんどん強くなる。したがって、途中のどこかに、月からと地球からの、逆向きの二つの引力がちょうど釣り合う点が存在するはずだ。司令船が宇宙を進みながらその点を横切ると、その速度はふたたび上がり、司令船は月に向かって加速する。

考慮すべき力が引力だけなら、この点が、地球と月をひとつの系と見なしたときに、この系のなかで逆向きの二つの力が釣り合う唯一の場所となるだろう。だが、地球と月は共通の重心の周りを回転しているということも考慮しなければならない。この重心は、月と地球の中心を結ぶ仮想的な直線上、地球表面の約一六〇〇キロメートル下に存在する。物体が任意の速度で任意の大きさの円に沿って運動するとき、回転中心から外向きに押し出すような、新たな力が生まれる。あなたが車で急カーブを切るときや、遊園地にある回転遊具に乗っているとき、あなたの体は、この「遠心力」を感じる。この手の、吐き気を催しかねない乗り物の古典的な例のひとつは、客たちが大きな円盤の縁に並び、周囲の壁に背中をつけた状態で立つというものだ。装置が回転を始め、回転速度があがるにつれ、壁に押しつけられる力がどんどん強くなるのが感じられる。最高速度に達すると、力に逆らって動くことなどとてもできなくなる。そのとき、足元の床が外れ、装置は上下左右に揺さぶられる。わたしが子どものころ、この種の遊具に乗ったとき、ものすごく強い力がかかって、指さえ動かすことができなかったのを覚えている。指どころか全身が壁に張りついてしまっていたのだ。

これに乗っていて、ほんとうに気持ちが悪くなって顔を外に向けたなら、あなたが吐いたものは円盤の接線方向に飛んでいくだろう。さもなくば、壁に張りつく。これよりひどい場合、あなたが顔を横に向けられなかったなら、ものすごい遠心力が逆向きにかかった状態になるので、吐いたものはあなたの口から出ることはできないだろう（そういえば、このようなタイプのアトラクションは、最近はどこの遊園地にも見当たらない。法律で禁止されたのだろうか？）。

遠心力は、一旦（いったん）動きはじめた物体は直線状に運動しつづける傾向があることの直接の結果として生じるものであり、真の力では（決して）ない。だが遠心力は、あたかも真の力であるかのように計算することができる。一八世紀フランスの卓越した数学者、ジョゼフ－ルイ・ラグランジュ（一七三六－一八一三）がやったように、実際に計算してみると、回転する地球－月系のなかに、地球の引力、月の引力、そして、回転するこの系の遠心力が釣り合う点がいくつか存在することがわかる。これらの特別な点はラグランジュ点と呼ばれている。ラグランジュ点は五つある。

一つめのラグランジュ点（ニックネームはL１）は、地球と月のあいだの、引力だけのバランス点よりもほんの少し地球に近いところに存在する。ここに置かれた任意の物体は、地球と月の重心の周りを、月と同じ毎月一回の周期で回転し、地球と月を結ぶ線上で固定した位置にあるように見える。ここではすべての力が打ち消しあうが、この一つめのラグランジュ点は平衡（へいこう）点としては不安定である。この点にある物体が、地球と月を結ぶ線に垂直な任意の方向にずれたときは、三つの力の総合的な効果で、物体は元の場所に戻る。だが、物体が地球に近づいたり、逆に遠ざかる方向に、ほんの少しでもずれたなら、物体はまるで、切り立った山頂でかろうじてバランスを保っており、ちょっとしたことで、どちらかの向きに落ちてしまいかねないおはじきのように、地球または月に向かって不可逆的に落ちていく。

二つめと三つめのラグランジュ点（Ｌ２とＬ３）も、地球と月を結ぶ直線上にあるが、Ｌ２は月の反対側の少し離れたところにあり、Ｌ３は、地球をはさんだはるか反対側にある。Ｌ２とＬ３の場合も、地球の引力、月の引力、そして、回転系の遠心力という三つの力が打ち消しあう。そして、Ｌ２とＬ３のどちらに置かれた物体も、月と同じ周期で、地球と月の共通重心の周囲を回転する。

Ｌ２とＬ３のバランスの安定性を、Ｌ１のときと同じように山を使って表現すると、Ｌ１よりもはるかに山頂が広くなって、安定性は増す。したがって、Ｌ２かＬ３にいるときに、地球か月の方向に少し自分がずれていると気づいても、燃料をほんの少し消費するだけで元の場所に戻ることができる。

Ｌ１、Ｌ２、Ｌ３はどれも、宇宙における重要なポイントには違いないが、ベスト・ラグランジュ点賞は、Ｌ４とＬ５に贈られるべきだ。Ｌ４とＬ５は、地球と月を結ぶ中心線に対して、左右に遠く離れたところ、地球と月を二つの頂点とする正三角形の第三の頂点に当たる位置に存在している。

これまでに登場した三つのラグランジュ点と同じように、Ｌ４とＬ５でも、すべての力が釣り合う。だが、ほかのラグランジュ点では不安定な平衡しか得られないのに対して、Ｌ４とＬ５の平衡は安定である。どちら向きに傾こうと、どちら向きにずれようと、それ以上ずれないように力が働く。山に囲まれた谷にいるときと同じだ。

どのラグランジュ点でも、すべての力が打ち消しあう点に物体が正確に置かれていないと、物体の位置は「秤動軌道」と呼ばれる軌道に沿って、平衡点を中心に振動する（英語で秤動は「libration」だが、これを、精神が揺らいでおぼつかなくなる飲酒「libation」と混同しないように）。秤動とは言ってみれば、斜面を転げ落ちて、底を行き過ぎたボールが、底を中心に行なう往復運動の類である。

Ｌ４とＬ５は、単に軌道上の興味深い点であるにとどまらず、宇宙入植地を建設し開設できる特別な場所でもある。この領域まで、建設資材（地球で調達したもののみならず、月や小惑星で採掘された鉱物などでもかまわない）を運び、そこにただ置いておけば、どこかに動いていってしまう心配もないので、また出かけて、さらに資材を持ってくることができる。建設資材をすべてこの無重力環境に集めたなら、資材にほとんどストレスをかけることなく、差し渡しが数十キロメートルにも及ぶ巨大な宇宙ステーションを建設することができる。そして、ステーションを自転させれば、それによって生じる遠心力が引力と同様の効果を及ぼすので、数百人（もしくは数千人）の住民たちは、地球と同じように暮らすことができる。宇宙入植を熱心に推進しているキースとキャロラインのヘンソン夫妻は、まさにこの目的のために、一九七五年八月にL５協会を設立した。ただしこの協会は、一九七六年に出版され今では古典となっている、『宇宙植民島』などの著作によって宇宙移民という考え方を普及させたプリンストン大学物理学教授で、宇宙に関する先見の明を持つジェラルド・オニールの提案と共鳴していることで最もよく知られている。L５協会の設立は、ひとつの原則に基づいている。それは、「L５において総会が開催される際、その総会においてこの協会を解散する」という原則で、その総会は宇宙入植地のなかで行なわれるはずなのだから、それで「任務完了」を宣言するというわけだ。一九八七年四月、L５協会は米国宇宙研究所と合併して米国宇宙協会となり、今日まで存続している。

秤動点に大規模な建造物を置くという考え方が初めて登場したのは、早くも一九六一年、アーサー・C・クラークの『渇きの海』という小説のなかであった。クラークは、特別な軌道について精通していた。彼は一九四五年に、四ページにわたる手書きのメモのなかで、衛星の公転周期が二四時間という地球の自転周期とぴったり一致する衛星軌道が地表からどれぐらいの高さになるかを初めて計算してみせた。この軌道を運行する衛星は、地球の上に「浮かんでいる」かのように見え、国と国とのあいだの無線コミュニケーションの理想的な中継点になると彼は予想した。今日、数百機の通信衛星がまさにその仕事を行なっている。

この魔法の場所はどこにあるのだろう？　低周回軌道ではない。ハッブル宇宙望遠鏡や国際宇宙ステーションなど、低周回軌道にあるものは、約九〇分かけて地球を一周する。一方、月と同じ距離だけ地球から離れているものは、約一ヵ月かかって一周する。理屈からして、一周するのにちょうど二四時間かかる軌道を維持できる高度は、この中間に存在するはずだ。それは、地上三万六〇〇〇キロメートルという高度である。

じつをいうと、この回転する地球‐月系は少しも特別なものではない。回転する太陽‐地球系にも、五つのラグランジュ点が存在する。とりわけ、太陽‐地球系のL2点は、天体物理学衛星の人気スポットだ。太陽‐地球系のラグランジュ点はすべて、太陽と地球の共通重心の周囲を一年で一周している。地球から太陽とは反対の方向に一六〇万キロメートルの位置にあるL2では、地球は問題にならないほど小さくしか見えないので、この場所に設置された望遠鏡は、夜空全体の画像を二四時間連続で収録することができるわけだ。だが逆に、ハッブル宇宙望遠鏡がある低周回軌道からだと、地球はたいへん近く、空に大きく見え、視野全体の半分を覆ってしまう。ウィルキンソン・マイクロ波異方性探査機（このプロジェクトの一員でプリンストン大学の物理学者だった故デイヴィッド・ウィルキンソンにちなんで命名された）は、二〇〇二年に太陽‐地球系のL2点に到達し、数年にわたって、宇宙マイクロ波背景放射——宇宙全域に広がっている、ビッグバンの名残——のデータを収集している。安定性に関して言えば、太陽‐地球系のL2点の「山頂」は、地球‐月系のL2点の「山頂」よりもさらに広く平らだ。ウィルキンソン・マイクロ波異方性探査機は、その総燃料のたった一〇パーセントを保存しておくだけで、一〇〇年近くこの不安定な平衡点の近傍に留まりつづけることができる。

一九六〇年代のNASA長官にちなんで名づけられたジェームズ・ウェッブ望遠鏡は、ハッブル望遠鏡の後継機として目下NASAが計画中の宇宙望遠鏡だ。これも、太陽‐地球系のL2点で稼働する予定である。この新しい望遠鏡がやってきたとしても、さらに多数の衛星が配置できる十分なスペース——何十万平方キロメートル——が残っている。

ラグランジュ点を愛するもうひとつのNASAの衛星、ジェネシスは、太陽‐地球系のL1点で秤動している。このL1点は、地球から太陽に向かって一六〇万キロメートルのところにある。ジェネシスは二年半にわたって太陽のほうを向き、太陽風に含まれる原子や分子など、太陽の物質を純粋な状態で収集した。これらの収集物は、ユタ州で空中回収されて地球に送られ、スターダスト・ミッションで彗星の塵を収集したサンプルと同様に、組成(そせい)が調べられた。ジェネシスは、太陽と惑星が形成されるもととなった原初の太陽系星雲の組成を知る手がかりを提供してくれると期待されている。地球への返送サンプルは、L1を出発したあと、L2の周囲で宙返りして軌道を修正し、その後地球へ戻ってきたのであった。

　L4とL5が安定な平衡点であることから、これらの点の近くには、宇宙のがらくたが集まっているはずなので、そこで何かするのは危険ではないかと思われるかもしれない。実際、ラグランジュも、強い引力を持つ太陽‐木星系のL4とL5には宇宙のゴミ(スペース・デブリ)が集まっているだろうと予言した。その一〇〇年後の一九〇六年、「トロヤ群」と呼ばれる一群の小惑星の、最初のひとつが発見された。太陽‐木星系のL4とL5には、数千個の小惑星が、木星の先に立ったり、そのあとを追ったりしながら、木星と同じ周期で太陽の周りを回転していることが知られている。まるで牽引(けんいん)ビームに捕らえられたかのように、これらの小惑星は太陽‐木星系の引力と遠心力に永遠に拘束されたままだ。もちろん、太陽‐地球系や地球‐月系のL4とL5にも宇宙のがらくたが集まるだろうと思われるし、実際そうなっている。しかし、太陽‐木星系の集積の規模にはとても及ばない。

　重要な副次的効果として、ラグランジュ点を出発する惑星間軌道を取れば、ほとんど燃料なしにほかのラグランジュ点や、ほかの惑星に到達することができる。惑星表面からの打ち上げでは、燃料の大半がロケットを離陸させるのに費やされるが、ラグランジュ点からの打ち上げはこれとは異なり、船が乾ドックを離れるときに、流れに身を任せて最小限の燃料を使うだけで海に出るのと似ている。以前は、ラグランジュ点に人間と農場からなる自立した居留地(コロニー)を作る案もあったが、今では、ラグランジュ点を太陽系のほかの領域への玄関口(ゲートウェー)と見なすことができる。太陽‐地球系のラグランジュ点は、火星までの中間点だ。ただし、距離や時間の中間点ではなく、一番重要な要素、燃料消費の中間点である。

人間が宇宙時代に入った将来の可能性として、どこかほかの惑星にいる友人や親戚のところへ行く途中で旅行者たちがロケットの燃料タンクを満タンにできるような燃料補給所が、太陽系のすべてのラグランジュ点に設置されているという状況がありうる。想像してみていただきたい。そんな宇宙旅行なんて、SFに出てくる絵空事だと思われるかもしれないが、じつは完全な現実離れでもないのである。アメリカ全土いたるところにたくさんのガソリンスタンドが散らばっていなければ、全米を自動車で横断するにも、サターンV並みの燃料装備が車に必要になる。つまり、車の大きさと質量のほとんどが燃料になってしまうのだ。その燃料の大部分は、アメリカ横断の旅でこれから消費する燃料を運ぶために費やされるのである。われわれは、地球上ではこんなふうには旅行しない。おそらく、宇宙でもこんなやり方で旅する時代はそろそろ終わっているべきなのだろう。

第10章　反物質（アンチマター・マター）の問題

物理科学の分野のなかで、最も滑稽な専門用語を使っているのは、素粒子物理学だとわたしは思う。「負ミューオンとミューニュートリノのあいだで中性ベクターボソンが交換される」なんて表現が、ほかにどこで見られるだろう？　あるいは、「ストレンジクォークとチャームクォークのあいだで交換されるグルーオン」なんて言葉が、ほかにどこで聞かれるだろう？　そして、こんな風変わりな名前の粒子――ほとんど無数にありそうだ――がうようよしている世界と並行して、ひっくるめて反物質と呼ばれている反粒子からなる並行宇宙が存在する。依然としてSF小説にも登場しつづけてはいるが、反物質は決して架空のものではない。そして、そう、反物質には、普通の物質と接触すると消滅するという性質がある。

宇宙を観測すれば、反粒子と粒子のあいだには、恋愛関係にも似た奇妙な結びつきがあることがわかる。粒子と反粒子は、純粋なエネルギーの海からともに誕生し、また、粒子と反粒子とを合わせた総質量がエネルギーに戻るとき、ともに消滅する。一九三二年、アメリカの物理学者、カール・デイヴィッド・アンダーソンが、負の電荷を持った電子に対応する反物質である、正の電荷を持った反電子（訳注　後出の陽電子という言い方が一般的だが、著者はあえて反電子というディラックが初めて提唱したときに使った呼び方をここではしている）を発見した。それ以来、世界中の粒子加速器で、ありとあらゆる反粒子が日常的に作られているが、反粒子を使って完全な原子が組み立てられたのはやっと最近になってからのことだ。ドイツのユーリッヒにある核物理学研究所のヴァルター・エラート率いる国際グループが、反電子が反陽子とめでたく結びついてできた原子を作り出した。この原子こそ、反水素だ。この初の反原子が作られた場所はというと、現代素粒子物理学に対して数々の貢献を行なっている、スイスはジュネーブにある欧州原子核研究機構（フランス語の名称の頭文字、CERNと呼ばれることのほうが多い）である。

方法はいたって単純だ。大量の反電子と大量の反陽子を作り、適切な温度と密度で両者を混合し、あとは、うまく結びついて原子になってくれと願えばいい。エラートのチームの最初の実験では、反水素の原子が九個できた。しかし、普通の物質が支配的な世界では、反物質原子の命は儚い。反水素は生まれて四〇ナノ（一秒の一〇億分の一の四〇倍）秒もたたないうちに、普通の原子とともに消滅してしまった。

反電子の発見は、理論物理学の偉大なる勝利のひとつに数えられる。というのも、この発見に先立つほんの数年前、イギリス生まれの物理学者、ポール・A・M・ディラックによって、反電子の存在が予言されていたからだ。彼は、電子のエネルギーを記述するための方程式を構築したが、その方程式には、エネルギーが正のものと負のものという、二つの解があることに気づいたのである。正の解は、通常の電子について観察されているさまざまな性質をうまく説明していたが、負の解は、当初は解釈のしようがなかった。それに対応するものが、現実世界に見当たらなかったのである。

解を二つ持つ方程式は別段珍しくない。最も単純な例のひとつは、「二乗すると9になる数は何か？」という問いの答えだ。その答えは、3だろうか？　それとも−3だろうか？　もちろん、3×3=9で−3×−3=9なのだから、どちらも正しい答えである。方程式の解が必ず現実世界の出来事に対応するという保証はないが、ある物理現象の数学的モデルが正しければ、その（モデルによる）方程式を操作することは、宇宙全体を操作するのと同じぐらい有用である（そして、それよりもはるかに容易である）。ディラックと反物質の場合のように、このような操作で検証可能な予言が得られることは多く、そして、もしもその予言が検証できないのなら、その理論は破棄されねばならない。だが、物理学で最終的に検証されようがされまいが、数学的モデルがモデルとして正しければ、そこから導き出される結論は、論理的で、それ自体として一貫性があることは保証される。

しばしば量子物理学とも呼ばれる量子論は、一九二〇年代に形成された、原子以下の微小粒子のレベルで物質を記述する物理学の一分野である。ディラックは、当時構築されたばかりの量子法則を使い、「ディラックの海」という、負のエネルギーを持った電子に満たされた、いわば「向こう側の世界」を仮定し、ここからときおり「幽霊電子」が一個、こちら側の世界に飛び込むが、その際、負エネルギー粒子の海に穴が一個残されるという説を提唱した。ディラックは、この穴こそが、実験で出現する正に帯電した反電子、あるいは、定着した呼び名では、陽電子なのだと主張した。

原子以下の微粒子は、測定可能なさまざまな性質を持っている。ある性質を表すパラメータが逆符号の値を取れるなら、その性質についてはその逆符号の値を持つが、それ以外の性質についてはどれもまったく同じ値を取る、反粒子というものが存在しうる。最もわかりやすい例は電荷だ。陽電子の電荷は正で、電子の電荷は負だが、それ以外、陽電子は電子とそっくりだ。これと同じように、反陽子は、負の電荷を持った、陽子の反粒子である。

信じられないかもしれないが、電荷を持たない中性子にも反粒子が存在する。名称は——お察しのとおり——反中性子だ。反中性子は、通常の中性子と同じく電荷はゼロだが、いわば、「逆向きの」ゼロ電荷を持っている。これは、ちょっとした算数のトリックなのだが、こういうことだ。中性子は、分数の電荷を持つクォークと呼ばれる粒子のうち、特定の三つのものが組み合わさってできている。中性子をなすクォークは、それぞれ、−1/3, −1/3, +2/3という電荷を持っているが、反中性子をなすクォークは、それぞれ、1/3, 1/3, −2/3という電荷を持っているのだ。どちらの組み合わせも、電荷の合計はゼロになるが、見ればわかるとおり、対応する粒子の電荷の符号が逆になっている。

反物質は、まるで無から生まれ出たかのように思える。十分高いエネルギーを持った一対のガンマ線が相互作用すると、自発的に一組の電子‐陽電子対へと変化し、その結果、大量のエネルギーをごく微量の物質に変換する。この変化は、次に示す、一九〇五年にアルベルト・アインシュタインが発表した有名な方程式に従って起こる。

$$E=mc^2$$

これは、普通の言葉で表せば、

エネルギー＝質量×光速の二乗

となるが、さらにかみくだいた表現では、

エネルギー＝質量×ものすごく大きな数

となる。

ディラックが提唱した元々の解釈で使われていた言葉でこの現象を表現すれば、「ガンマ線が負エネルギーの海から電子を一個はじき出して、通常の電子一個と、電子の穴を一個作る」となる。逆の現象もまた起こりうる。一個の粒子と一個の反粒子が衝突すれば、（反粒子に相当する）穴がふさがれ、ガンマ線が放射されて、粒子と反粒子は消滅する。ガンマ線は、あなたが絶対浴びないように心がけるべき種類の放射だ。何か証拠をお望みだろうか？　それなら、アメリカン・コミックのキャラクター、「超人ハルク」が、どうして巨大で醜い緑色の怪人に変貌するようになったかを思い出していただければ十分だろう（訳注　アメリカの漫画『超人ハルク』の主人公、天才物理学者バナーは、大量のガンマ線を浴びて、負の感情の高ぶりによって、緑色の肌をした怪力の巨人「ハルク」に変身する体質となる。二〇〇三年に『ハルク』、二〇〇八年にも『インクレディブル・ハルク』という同一テーマの映画が公開された）。

あなたが何らかの手段で、自宅で反物質の塊（かたまり）を作ることに成功したなら、それをどこに貯蔵するかという問題がただちに持ち上がるだろう。というのも、あなたが作った反物質は、あなたがそれを入れることに決めた普通の袋や、スーパーのレジ袋（紙製であればビニール製であれ）とともに、消滅してしまうだろうから。これに対する賢明な解決策は、電荷を持った反物質なら、強力な磁場のなかに閉じ込めることだ。周囲を磁場の壁で覆えば、帯電した反物質粒子は全方向から反発力を受けて、（壁に接触せずに）宙に浮く。この磁場を真空中に作れば、反物質は通常の物質と接触して消滅する心配はなくなる。この、いわば磁場で作った保存ビンは、反物質以外の、容器を破壊する危険のある物質、たとえば（制御された）核融合実験で生じる温度一億度の光り輝くガスなどを扱う際の容器として利用されている。ほんとうの意味で保管方法の問題が持ち上がるのは、ひとそろいの反粒子が結合した（したがって電気的に中性の）反原子を作ったときだ。なぜなら、このようなものは、磁場の壁から反発したりしないからである。どうしても、という必要が生じないかぎり、陽電子と反陽子は別々にしておくのが一番いいだろう。

反物質を作り出すには、反物質が消滅してエネルギーに戻る際に回収できるエネルギーと、少なくとも同量のエネルギーが必要だ。前もってタンクいっぱいの燃料を準備しておかなければ、自己生成式反物質エンジンは、宇宙船のエネルギーを徐々に吸い取ってしまうだろう。『スター・トレック』のテレビと映画の第一作の製作者たちがこのことを知っていたかどうかはわたしにはわからないが、わたしの記憶では、カーク艦長はしょっちゅう、物質－反物質対消滅（ついしょうめつ）のエネルギーを駆動力とする反物質エンジンの出力を「もっとあげろ」と命令し、それに対してスコッティは決まって「そんなこととしたらエンジンが持ちません」と答えていたように思う。

違いがあると期待する理由はないのだが、これまでのところ、反水素の性質が通常の水素の対応する性質と同じだとは、まだ示されていない。確認すべき事柄としてすぐに思いつくものが二つある。ひとつは、陽電子が反陽子に拘束されているとき、どのように振舞うかだ。はたして陽電子は量子論のすべての法則に従うのだろうか？　そして二つめは、一個の反原子が示す重力の強さだ。通常の重力ではなくて、反重力を示すのだろうか？原子のレベルでは、粒子間にはたらく重力は測定できないほど小さくなる。重力に代わって粒子の振舞いを支配するのは、原子間力と核力だ。これらの力は、重力よりもはるかに強いのである。さて、反物質がどのように振舞うかを確認するには、普通の大きさの物体を作るに十分な量の反原子を作り出し、塊としての性質を測定して、普通の物質と比較できるようにすればいい。一組のビリヤードの球（もちろん、テーブルとキューも）を反物質で作ったとしたら、反ビリヤードのゲームは、普通のビリヤードのゲームと区別できるだろうか？　反‐八番黒球は、普通の八番黒球とまったく同じ速さで地面に落下するだろうか？　反惑星は、普通の惑星が普通の恒星の周囲を回転するのとまったく同じように、反恒星の周囲を回転するのだろうか？

わたしは基本的には、反物質が塊となったときに示す性質は通常の物質と同じだと、今後示されると確信している。通常の重力、通常の衝突現象、通常の光学現象、通常のプールシャーク（訳注　前出だが、プールシャークとは、ビリヤードで素人を相手にお金を巻き上げるプロ詐欺師）などなど。まずいことに、これは、反物質でできた反銀河が天の川銀河に向かって進んでおり、このままだと衝突するという場合にも、手遅れでどうしようもなくなるまで、それを普通の銀河と区別することはできないということを意味する。しかし、こんな恐ろしい事態は、そんなにしょっちゅう宇宙で起こりはしないと思われる。なぜなら、たとえば、一個の反恒星が一個の通常の恒星と対消滅したとすると、そのとき物質はガンマ線へと、瞬時に、そして完全に変換してしまうだろうから。太陽と同じ質量を持った二つの恒星（それぞれが約10^{57}個の粒子からなる）が衝突したなら、そのとき生じるガンマ線であたりは恐ろしいまでに明るくなり、一瞬にして、一億個の銀河に含まれるすべての恒星のエネルギーをすべて合計したよりも大量のエネルギーを生じることになる。このような現象がこれまでに起こったという確かな証拠はまったく存在しない。したがって、順当に考えれば、宇宙では通常の物質が圧倒的に優勢だと言える。言い換えれば、この次あなたが銀河間旅行に出かけるときに、反物質との衝突で消滅するリスクを安全上考慮する必要などないということだ。

だが、宇宙がひどく非対称な状態だということは、やはり気になる。反粒子が生じるときには、どの反粒子にも対応する粒子が伴っているのに、通常の粒子は、ペアであったはずの反粒子がなくても、何ら問題なく存在しているように見える。宇宙には、この非対称を説明できるような反物質のポケットがいくつも隠されているのだろうか？　宇宙の初期に、いずれかの物理法則が破られて（あるいは、未知の物理法則が働いて）、その後永遠に物質が反物質よりも優勢になるようにバランスが崩れてしまったのだろうか？　これらの問いの答えがわれわれにわかることはないのかもしれないが、さしあたっては、あなたの家の前の芝生に異星人（エイリアン）が降り立って、外肢を伸ばして挨拶してきたら、すぐに愛想良く対応するのではなくて、そいつに向かって八番黒球を投げるのがいい。外肢が爆発したら、その異星人は反物質でできているのだろうと察しが付く。爆発しなければ、そいつを首長の前に連れて行っていいだろう。

第3部

自然のあり方とやり口

問いかける精神に対して自然はどのように姿を現すか

第11章　揺るぎなくある（コンスタントで）ことの重要性

「揺るぎない（コンスタント）」という言葉を口にすると、あなたの話を聞いている人たちは、配偶者への誠実さや経済的な安定を思い浮かべるだろう。あるいは、「この世で唯一揺るぎないのは、物事は変化するということだけだ」と応じられるかもしれない。じつは宇宙にも「揺るぎない」ものがある。それは、自然界（自然現象）のなかや数学のなかで永遠に繰り返し登場する不変の量、「定数（コンスタント）」だ。これらの量の厳密な数値は、科学研究において特別な重要性を持っている。これらの定数のいくつかは、実際の測定に基づいて値の定められた、物理的なものだ。それ以外に、宇宙のありようを照らし出してくれるにもかかわらず、純粋に数値的であり、あくまで数学的操作のみから生じる定数もある。

　定数のなかには、ひとつの場合、ひとつの物体、あるいは、ひとつの小群にしか当てはまらない、局所的で限定的なものもある。その一方で、あらゆる場所の空間、時間、物質、そしてエネルギーに当てはまり、そのため、宇宙の過去、現在、未来を理解し予測する力を研究者たちに与えてくれる、基本的で普遍的な定数もある。科学者たちが把握している基本定数はあまり多くはない。たいていの人が筆頭にあげる三つは、真空中の光速、ニュートンの万有引力定数、そして、量子物理学の基盤であり、あの忌まわしいハイゼンベルクの不確定性原理の要(かなめ)である、プランク定数である。このほかの普遍定数としては、基本的な素粒子のそれぞれが持つ電荷や質量などがある。

宇宙のなかで、原因と結果のある特定の組み合わせが因果関係のパターンとして繰り返し現れるときはいつも、きっと何かの定数が働いているのだろうと推測できる。だが、原因と結果を測定し、その素性を判別する際には、変化するものとしないものとを区別しなければならないし、そして、どんなに強い誘惑にかられても、単なる相関関係を因果関係と取り違えてはならない。たとえば、一九九〇年代ドイツではコウノトリの数が増加し、それと同時に、ドイツにおける自宅出産の割合も増加した。だからといって、コウノトリが空を飛んで赤ん坊を運んでいると認めていいだろうか? そんなバカな話はない。

しかし、ある定数が存在することが確かになり、そしてその定数の値を測定することができたなら、まだ発見されていないような、あるいは、まだ思いつかれてさえいないような、場所、物事、そして現象について、予言をすることができるのである。

ドイツの数学者で、神秘主義に傾くこともあったヨハネス・ケプラーは、宇宙のなかで変化しない物理量を初めて発見した。一六一八年、神秘主義に傾倒して一〇年も費やしたのちに、ある惑星が太陽の周囲を一周するのにかかる時間を二乗すると、その量は、その惑星の太陽からの平均距離を三乗したものに常に比例するということをつきとめた。その後、この驚くべき関係は、われわれの太陽系のそれぞれの惑星に対してのみならず、銀河の中心の周りを回転しているすべての恒星に対しても、そしてさらに、銀河団の中心の周りを回転しているすべての銀河にも当てはまることが明らかになった。ケプラーは知らなかったが、みなさんお察しのとおり、ここではある定数が働いていたのである。ケプラーの方程式の背後には、ニュートンの万有引力が潜んでおり、それはさらに七〇年経たなければ発見されなかった。

みなさんが学校で最初に学ばれた定数は、一八世紀初頭からひとつのギリシア文字で表されてきた、数学定数、π（パイ）だったのではないだろうか。πはごく単純で、円の周の長さと直径の比だ。言い換えれば、ある円の直径から円周の長さを知りたいときに、直径に掛ける数である。πはこのほかにも、たとえば、円と楕円に関連する事柄、さまざまな立体の体積、振り子の運動、弦の振動、電気回路の解析など、頻繁に利用される領域や、特殊な領域のあちらこちらに顔を覗かせる。

πは整数ではなく、十進数字で表すと、繰り返されるパターンもなく無限に続く数字の列となる。すべてのアラビア数字が出揃うところまで表記すると、πは、3.14159265358979323846264338327950となる。あなたがいつの時代にどこで暮らしていようと、あなたの国籍、年齢、美的感覚がどのようなものであろうと、あなたがどんな宗教を信奉しようと、あるいは、あなたが民主党に投票しようが共和党に投票しようが、あなたがπの値を計算したなら、全宇宙に存在するほかのみんなと同じ答えが得られる。πのような定数は、人間に関する事柄では、現在、過去、未来をとおしてありえない水準の国際性を堪能しているのだ。だからこそ、もしも人間がいつか異星人と交信することがあったなら、宇宙の共通語である数学を使って会話する可能性が高いのである。

というわけで、われわれはπを「無理数」と呼ぶ。πの値を、2/3や18/11などのような、二つの整数の比として厳密に表現することはできない。だが、無理数が存在するとはまったく思いも寄らなかった最も初期の数学者たちは、πの表現として、せいぜい25/8（紀元前二〇〇〇年ごろのバビロニア人たち）や、256/81（紀元前一六五〇年ごろのエジプト人たち）しか使っていなかった。その後、紀元前二五〇年ごろになって、ギリシアの数学者、アルキメデスが、かなり込み入った幾何学的な手続きを用いて、ひとつではなくて、二つの分数、223/71と22/7を導き出した。アルキメデスは、自分ではπの厳密な値をつきとめることはできなかったが、それはこの二つの値のあいだのどこかにあるということを明らかにしたのだった。

古代バビロニアやエジプトの時代からの年月の経過を考えれば、ややお粗末ともいえるπの概算が聖書に登場する。ソロモン王の神殿の備品を記述している箇所だ。「彼は鋳物の『海』を作った。直径十アンマの円形で、高さは五アンマ、周囲は縄で測ると三十アンマであった」（列王記上、七章二三節〔新共同訳〕）。つまり、直径が一〇で円周が三〇というのだが、これは、πが三に等しいときにのみ正しい。その三〇〇〇年後、一八九七年に、インディアナ州議会下院は、今後インディアナ州では、「円の直径と円周の比は、5/4対4とする」という法律を可決した。これだと、πはちょうど三・二となる。

インディアナ州の議員たちは小数が苦手だったようだが、数学者のなかでも最も優れた人々――九世紀のイラク人で、「アルゴリズム」という言葉に名を残したムハンマド・イブン・ムーサー・アル゠フワーリズミーや、あのニュートンなども含めて――は、πの精度を上げるためにたゆまぬ努力を続けた。もちろん、電子コンピュータの到来で、この取り組みの効率は格段によくなった。二一世紀初頭という現時点で、πの値として知られている桁（けた）数は一兆を超え、πを表記した数字の並びがどこまでもランダムで規則性がないかどうかを研究する以外の実際の応用に使われる桁数をはるかに超えて数値が究明されている。

ニュートンがπの計算に対して行なった貢献よりもはるかに重要なのが、彼がまとめあげた三つの普遍的な運動の法則と、万有引力の法則だ。これら四つの法則はどれも、一六八七年に出版された『自然哲学の数学的諸原理』、もしくは、略して『プリンキピア』と呼ばれている著作のなかで初めて示された。

ニュートンの『プリンキピア』以前は、科学者たち（当時力学と呼ばれ、その後物理学と呼ばれるようになった分野に取り組んでいた人々）は、彼らが目にした事柄をそのまま記述し、次回も同じことが起こるようにと望むだけだった。しかし、ニュートンの運動の法則という強力な武器を手にした彼らは、あらゆる条件のもとで、力、質量、加速度のあいだの関係を記述できるようになった。科学に予測可能性がもたらされたのだ。そして生活にも予測可能性がもたらされたのであった。

ニュートンの運動の第二法則は、第一法則や第三法則とは異なり、次のような、ひとつの方程式で表される。

$$F=ma$$

これを言葉で表現すると、「ある質量（m）を持った物体にある大きさの力（F）を加えると、その物体は加速度（a）で加速する」となる。さらに嚙み砕いた言葉を使えば、「大きな力を加えると、物体は大きく加速する」となる。しかも、両者はきっちり同じように変化する。つまり、ある物体に加える力を二倍にすれば、その物体の加速度も二倍になるのだ。この物体の質量は、この方程式の定数として働いて、ある特定の大きさの力を加えたとき、加速度がいくらになるかを厳密に計算することを可能にしてくれるのである。

けれども、ある物体の質量が一定ではなかったならどうなるのだろう？　ロケットは、打ち上げ以降、燃料タンクが空になるまで質量がどんどん減少していく。さてここで、ちょっと面白い話題として、何も加えたり取り除いたりしないのに、ある物体の質量が変化するとしよう。じつはこれは、アインシュタインの特殊相対性理論で起こる現象なのだ。ニュートンの法則に従う宇宙では、すべての物体が、常に、そして永遠にその物体の質量である、一定の質量を持っている。これとは対照的に、アインシュタインの相対論に従う宇宙では、物体は不変の「静止質量」（ニュートンの方程式における「質量」と同じもの）を持っているが、物体の速度に応じて、これにさらに質量が加わっていく。どういうことかというと、アインシュタインの宇宙で物体を加速させると、物体はだんだんと加速させにくくなっていき、それが物体の質量の増加として方程式のなかに現れるのである。このような「相対論的」効果は、速度が光速に近づいて初めて無視できないほどの大きさを持つようになるので、ニュートンはこのような現象を知る由もなかった。だがアインシュタインにとっては、これらの現象は、何らかの別の定数が働いているということを意味していた。その定数とは光速であり、これは別の機会にそれ自体をテーマにして論じるに値するものである。

多くの物理法則がそうであるように、ニュートンの運動の法則も単純明快だ。だが、彼の万有引力の法則は、ちょっと複雑である。この法則は、二つの物体――空中を飛んでいる砲弾と地球、月と地球、二つの原子、二つの銀河、何と何であっても――のあいだに働く引力の強さは、二つの物体の質量と、両者の距離だけで決まると述べている。より厳密に表現すれば、引力は、一方の物体の質量に、もう一方の物体の質量を掛けたものに比例し、かつ、両者の距離の二乗に反比例する。この法則に含まれる二つの比例関係は、自然がどのように振舞うかについて、深い洞察を提供してくれる。たとえば、ある二つの物体のあいだに働く引力の強さが、ある距離においてFだとすると、距離が二倍になると引力はFの四分の一になり、距離が三倍になるとFの九分の一になることがわかる。

しかし、この情報だけでは、働いている引力の正確な値を計算することはできない。そのためには、この関係（式）にひとつの定数が必要だ。この場合、その定数とは、重力定数Gと呼ばれているもので、この方程式となじみの深い人々はこれを「大文字のG」と呼んでいる。

引力に対する距離と質量の関係に気づいたのは、ニュートンの偉大な洞察ではあったが、ニュートンはGの値を測定することはできなかった。そのためには、方程式のなかのG以外の項目の値をすべて知り、その結果Gが完全に決定できるようにしなければならなかった。ところがニュートンの時代には、この方程式のすべてを知ることはできなかったのである。二つの砲弾の質量と両者のあいだの距離は容易に測定できたはずだが、両者のあいだに働く引力はきわめて小さく、当時入手可能だったどんな装置を使っても検出できなかったであろう。地球と砲弾のあいだに働く引力なら測定できたかもしれないが、地球そのものの質量を測定する手段はなかったはずだ。『プリンキピア』から一〇〇年以上も経った一七九八年になってようやく、イギリスの化学者兼物理学者のヘンリー・キャヴェンディッシュが、信頼性のあるGの測定値を得たのだった。

今では「キャヴェンディッシュの実験」と呼ばれ有名になっている実験を行なうために、キャヴェンディッシュは、直径約五センチメートルの鉛の球が二つ付いたダンベルを主体とした実験装置を使った。垂直に下ろした細い針金の先端にダンベルの中央部を吊るし、ダンベルが前後に揺れるようにした。キャヴェンディッシュは、この装置全体を気密性ケースのなかに入れ、ケースの外側の対角になる位置に、直径約三〇センチメートルの鉛の球を二つ置いた。外側に置かれた球からの引力がダンベルにかかり、ダンベルを吊るしている針金がねじれる。キャヴェンディッシュが得たGの最善の値は、長々とゼロが続いたあと最後にようやく四桁の数字が登場する。立方メートル毎キログラム毎平方秒という単位で、その数値は、0.00000000006754であった。

測定装置をどのような形に設計すればいいかを考えるのも決して容易ではなかった。引力は力としてはきわめて弱く、およそすべてのもの、それこそ、実験装置の箱のなかのちょっとした空気の流れでさえも、実験で検出できた微弱な引力を圧倒してしまうのだった。一九世紀後半、ハンガリーの物理学者エトヴォシュ・ロラーンドが、キャヴェンディッシュが考案した装置を改良した新たな測定装置を使って、Gの測定値の精度を少し向上させた。この実験は実施するのがひじょうに難しく、今日(こんにち)においてさえも、Gの数値はほんの二、三桁がさらにわかったに過ぎない。シアトルにあるワシントン大学で、イェンス・H・グンドラフとスティーヴン・M・メルコヴィッツによって最近行なわれた実験では、0.000000000066742という値が導き出された。とにかく引力は弱い。グンドラフとメルコヴィッツは、彼らが測定せねばならなかった引力は、バクテリア一個の重さに相当すると述べている。

Gがわかれば、キャヴェンディッシュの最終目標だった地球の質量など、ありとあらゆる事柄を導き出すことができる。グンドラフとメルコヴィッツが得た地球の質量の最善の値は、約5.9722×10^{24}キログラムで、これは現在地球の質量として承認されている値にたいへん近い。

過去一〇〇年のあいだに発見された物理定数の多くは、明確さではなく確率に支配された世界を舞台とした、素粒子に働くいろいろな力と結びついている。そのような定数のうち最も重要なものは、一九〇〇年にドイツの物理学者マックス・プランクによって提唱された。hという文字で表記されるプランク定数は、量子力学の基礎となった発見であったが、プランクがこの定数を見出したのは、ある物体の温度と、その物体が放射するエネルギーとの関係を調べるという、いかにもありきたりに聞こえる研究をしていたときのことだった。

ある物体の温度は、そのなかで振動している原子や分子の平均運動エネルギーを測る、直接的な指標である。もちろん、この平均に対して、それよりもっと速く振動している粒子もあれば、もっとゆっくり振動している粒子もある。これらすべての粒子の運動が相俟(あいま)って、ちょうどこれらの粒子と同じように、ある幅に分布したエネルギーを持った、大量の光が放射される。温度が十分高くなると、物体は目に見えて輝きだす。プランクの時代、物理学最大の難問のひとつが、この光のスペクトルをエネルギーの全域にわたって、とりわけ、エネルギーが最も高い領域について説明することであった。

プランクの慧眼(けいがん)は、エネルギーそのものが量子化できる、つまり、それ以上分割できない微小な単位、すなわち量子に分割できると仮定すれば、放射光のスペクトルを全域にわたって説明できると気づいたところにあった。

プランクが、エネルギーのスペクトルを表す彼の方程式にhを導入すると、この定数はいたるところに登場するようになった。hが見つかるいい場所のひとつは、光を量子論的に表現したものである。光の振動数が高くなればなるほど、そのエネルギーも高くなる。最も振動数が高い帯域に当たるガンマ線は、生物にとって最大の脅威だ。振動数が最も低い帯域に相当する電波は、毎日毎秒あなたの体を通過しているが、何の危害も及ぼさない。振動数の高い放射があなたに害を及ぼすのは、それがより多くのエネルギーを持っているからにほかならない。どのくらい多いのかというと、振動数に直接比例して多くエネルギーを持っているのである。この比例関係を示すものは何だろう？　それがプランク定数hである。そして、あなたがGはとんでもなく小さい比例定数だと思われるのなら、hの現在の最善値を見ていただきたい。（その元々の単位、キログラム平方メートル毎秒で表記すると）0.0000000000000000000000000000000006626093というのがその数値である。

hがその最もめざましく、かつ最も挑発的な姿を現すのは、一九二七年にドイツの物理学者ヴェルナー・ハイゼンベルクが初めて提唱した、不確定性原理のなかである。不確定性原理は、逃れることのできない、宇宙の全域で成立するトレードオフの関係を規定する。その関係とは、基本的な物理変数には対をなすものがあって、その対をなす変数どうし——位置と速度、エネルギーと時間——の、両方の量を同時に正確に測定することは不可能だというものだ。言い換えれば、対をなす変数の片方（たとえば位置）の不確定性を減らせば、そのパートナー（速度）についてはよりおおまかな近似で甘んじなければならなくなるということである。そして、得られる正確さの限界を決めているのが*h*なのだ。日常生活の物事を測定しているかぎりは、このトレードオフが実際の効果をもたらすことはほとんどない。しかし、原子のレベルという微小領域に入ると、*h*はいたるところで、小さいけれども意義は大きい、その頭をもたげはじめる。

ここまでお話ししてきたあとでこんなことを述べると、少なからず矛盾しているのではないかとか、あるいは、道理に反するのではないかと思われるかもしれないが、ここ何十年か、科学者たちは、定数は永久に変化しないわけではないという証拠を探しまわっている。一九三八年、イギリスの物理学者ポール・A・M・ディラックは、よりによってニュートンの*G*そのものの値が、宇宙の年齢に比例して減少するのではないかという説を提唱した。現在、気まぐれに変化する定数を必死に探し求める物理学者たちの小さなグループがたくさん存在し、「変化定数探究家内工業」とでも呼ぶべき分野をなしている。時間の経過に従った変化を追究しているグループもあれば、場所の違いの影響を研究しているチーム、あるいは、これまで調べられていなかった領域で方程式がどのように振舞うかを探っている者たちもいる。遅かれ早かれ、彼らは何らかの確固たる結果を得るであろう。だから、このテーマについては引き続き注目していただきたい。不変だと思われていた定数がじつは変化していたのだというニュースがまもなく届くかもしれない。

第12章　速度の上限

スペースシャトルやスーパーマンなど、この世には弾よりも速く飛ぶものがいくつか存在する。だが、真空中の光よりも速く進むものは存在しない。絶対に。だが、光はひじょうに高速で進むとはいえ、その速度が無限大でないことははっきりしている。光が有限の速度を持っているおかげで、宇宙の遠方を見ることは、時間を遡って見るのと同じであるということを天体物理学者たちは知っている。そして、光の速度をより正しく見積もることによって、宇宙の年齢について、妥当な推測をすることができる。

このような事柄は、宇宙だけでなく、日常生活にも当てはまる。確かに、電灯のスイッチを入れてから光が床に届くまで、イライラしながら待つ必要などない。だが、ある朝朝食を取りながらふと、何か、今まで思いつかなかった面白い思考実験はないかなと思われたなら、こんなことを考えてみてはどうだろう。あなたが目にしている、テーブルの向かい側に座っているお子さんの姿は、今この瞬間の姿ではなく、少し前、約三ナノ秒前の姿なのだ、と。大して「前」ではないと思われるかもしれない。しかし、お子さんが天の川銀河のお隣のアンドロメダ銀河にいるとしたら、お子さんがチェリオのリング状のシリアルをスプーンですくうのが見えるとき、お子さんは実際には二〇〇万歳を超える年寄りになっているはずだ。

真空中の光の速度を、小数点以下を切り捨てて表示すると、アメリカで使われている単位では、一八万六二八二マイル毎秒となる（訳注　メートル法では二億九九七九万二四五八メートル毎秒と、一九八三年の国際度量衡(どりょうこう)総会で定義されている）。ここまでの精度で測定するには、何百年もの努力が必要だった。だが、科学の方法と手段が成熟するはるか以前にも、物事を深く考える人々が、光の性質についてさまざまに思い巡らせた。光は、それを感じ取っている目が持っている性質なのだろうか？　それとも、物体から発するものなのだろうか？　光は、粒子の束(たば)なのか、波なのか、どちらだろう？　光は伝わるものなのか、それともただ現れるものなのだろうか？　伝わるのだとしたら、どのぐらいの速さで、どのぐらい遠くまで伝わるのだろう？

紀元前五世紀中ごろ、時代に先んじた思考を行なったギリシアの哲学者、詩人、科学者であるアクラガスのエンペドクレスは、光は測定可能な速さで伝わるのだろうかと思い巡らせた。だが、実験によってこの問いに取り組み、少しでも何かを明らかにするという作業は、実証的なアプローチによって知識を獲得しようという立場を推進した人物、ガリレオの登場を待たねばならなかった。

彼は、一六三八年に出版された『新科学対話』のなかで、この実験の手順を、次のように記述している。夜、暗闇のなかで二人の人間が、それぞれカバーをすばやくかけたり外したりできるランタンを持って、互いに遠く離れて、しかし、相手にははっきりと見えるように立つ。ひとりが、自分のランタンをほんの短い時間光らせる。もうひとりは、その光を見た瞬間、自分のランタンを光らせる。ガリレオはこの実験を、一マイル（約一・六キロメートル）も離れていない距離でたった一度だけやった時点で、次のように書いている。

向こう側の光が瞬時に現れたかどうか、はっきりと確認することはできなかった。だが、瞬時ではなかったとしても、とてつもなく速くはあった——寸秒だったとでも言うべきだろう。(p. 43)

じつは、ガリレオの推論は間違っていなかったのだが、彼は、光線が通過する時間を計るには、あまりに助手に近いところに立っていたのだ。とりわけ、彼の時代の時計が不正確だったことからすれば、この問題は大きい。

数十年後、デンマークの天文学者オーレ・レーマーは、木星の最も内側にある衛星、イオが公転するのを観察して、事実をかなりはっきりとさせた。一六一〇年一月に、ガリレオが自分で作ったばかりの望遠鏡で木星の衛星のうち最も明るく最も大きい四つを初めて見つけたとき以来、天文学者たちは、木星の衛星たちが、主人である巨大な恒星の周囲を回るのを追いかけていた。長年にわたる観察から、イオの場合、平均公転周期――月が木星の背後に隠れたときから、ふたたび姿を現し、そしてまた姿を隠すまでの時間であり、測定は容易である――は、だいたい四二・五時間であることが突き止められた。レーマーが発見したのは、地球が木星に最も接近したとき、イオは予測されるよりも約一一分早く姿を隠し、そして、地球が木星から最も遠ざかったときは、イオは約一一分遅く姿を消す、ということだった。

レーマーはこのように推論した。イオの公転が、地球と木星の相対的な距離に影響されることはないだろうから、イオの公転周期に何らかの予期せぬ変化が生じたなら、それは光がある有限の速さを持っていることが原因であるはずだ。二二分という長さの時間は、光が地球の軌道の直径を進むに必要な時間に対応するに違いない。このように仮定して、レーマーは約一三万マイル毎秒（訳注　メートル法では約二〇万九一七〇キロメートル毎秒）という光の速度を導き出した。この場合の誤差は正しい値のほぼ三〇パーセント以内に収まっており、世界初の推定値としてはなかなかいい数値であって、ガリレオの「瞬時ではなかったとしても……」という説明よりははるかに正確である。

イギリスの三人めの王室天文台長、ジェームズ・ブラッドリーは、光速が有限であることに関して残っていた疑いをほとんどすべて消し去った。一七二五年、ブラッドリーは、りゅう座ガンマ星を系統立ったやり方で観察し、この恒星が天空で見える位置が季節によって変化することに気づいた。三年かかったが、ついに彼はこの位置変化が、地球の連続的な公転運動と、光速が有限であることを結びつければ説明できることを見出した。こうしてブラッドリーは、恒星の光の光行差を発見したのである。

たとえをひとつ考えてみよう。今日は雨だ。あなたは、ひどい渋滞につかまった車のなかで座っている。退屈になって、あなたは（もちろん）大きな試験管を一本、窓の外に出して、雨粒を集めるためにしばらくそのまま掲げておく。風がなければ、雨は垂直に落ちる。雨水をできるだけたくさん集めるには、試験管を垂直に維持するといい。雨粒は試験管の先端から入り、まっすぐ底に落ちる。

ついに渋滞が解消し、あなたの車はふたたび制限速度に達する。あなたはこれまでの経験から、垂直に降っている雨は、今度は車の横窓に斜めの条を残すということを知っている。こうなると、雨粒を効率的に集めるには、試験管を窓に残った雨の条と同じ角度で傾けなければならない。車が速く動けば、それだけ角度も大きくしなければならなくなる。

このたとえでは、公転する地球に当たるのが動いている自動車であり、望遠鏡に相当するのが試験管、そして、望遠鏡に入ってくる星の光は、瞬時には変化せず、そのため、降り注ぐ雨になぞらえられる。したがって、星の光をとらえるには、望遠鏡の角度を調節しなければならない——その星が存在する実際の天空の位置とは少し違う点に向けなければならないのだ。ブラッドリーが行なった観測は、いかにも専門的で一部の天文学者にしか理解できないと思われるかもしれないが、じつのところ彼は、推論によってではなく、実験によって、天文学における二つの重要な事実を初めて確かめたのである。その二つとは、光の速度は有限であるということと、地球は太陽の周囲を回転しているということだ。しかも彼は、光速の測定値の精度をさらに上げて、一八万七〇〇〇マイル毎秒（約三〇万八八三キロメートル毎秒）という数値を得てもいるのである。

一九世紀末には、物理学者たちは、光も音と同じように波として伝わるのだとはっきりと認識するようになり、音が伝わるのに、音がそのなかで振動する媒質（ばいしつ）（空気などの）が必要ならば、光の波もやはり媒質が必要だと考えた。でなければ、どうして波が真空中を伝わることができるのだ？　この不可思議な媒質は「エーテル」と名づけられ、そして、物理学者のアルバート・A・マイケルソンは、化学者のエドワード・W・モーリーとともに、このエーテルを検出する実験に乗り出した。

マイケルソンはそれまでに、「干渉計」と呼ばれる装置を発明していた。干渉計にはいくつかの方式があるが、そのひとつは、一本の光線を二つに分割し、分割したそれぞれの光線を九〇度異なる方向へと向かわせる。それぞれの光線は、一枚の鏡で反射し、最初に光線を分割した光線分割器へと戻り、そこでふたたびひとつに合わされて、その状態で分析される。干渉計はひじょうに精度が高い装置なので、実験者は、分割された二本の光線の速度が少しでも違えば、それを極めて正確に測定することができる。エーテルを検出するにまさにうってつけの装置だ。マイケルソンとモーリーは、分割した一方の光線の向きを地球が運動している方向にあわせ、もう一方の光線をそれに垂直な方向に向ければ、分割器で再度合体したときに、最初の光線にはエーテルを通して地球の運動の分だけ速度が加味されているが、もう一方の光線はそのような影響は受けず、元のままの速度だろうと考えた。

　ところが、マイケルソンとモーリーが得た結果は否定的だった。異なる二つの方向に進んでも、光線の速度は変わらなかった。二本の光線は、分割器にきっかり同時に戻ったのである。地球がエーテルのなかを運動していることの効果は、測定された光の速度に何の影響も及ぼさなかった。やっかいなことになったものだ。エーテルが光の伝播(でんぱ)を可能にしていると考えられていたが、しかしそれが検出できなかったなら、おそらくエーテルはそもそも存在していなかったのだろう。結局、光は、ほかの助けを借りずに自ら伝わっていくということが明らかになった。光が真空中である場所から別の場所に動くのに、媒質も魔法も必要なかったのだ。こうして、光の速度に及びそうなほどの素早さで、発光性エーテルは、科学上の概念としては失墜し、葬り去られたのである。

そしてマイケルソンは、もちまえの独創性で、光速の測定値をさらに改善し、一八万六四〇〇マイル毎秒（約二九万九九一八キロメートル毎秒）とした。

一九〇五年になると、光の振舞いに関する研究は、ずいぶんと薄気味のわるいものとなった。この年、アインシュタインが特殊相対性理論を発表したが、そのなかで彼は、マイケルソンとモーリーの否定的な結果を大胆不敵なレベルにまで持ち上げた。アインシュタインは、空虚な空間のなかでの光の速度は、その光を発生している源（みなもと）の速度や、それを測定している者の速度には関係なく、普遍的な定数であると宣言したのだ。

アインシュタインが正しいなら、どんなことになるのだろう？　ひとつには、あなたが宇宙船に乗って光の半分の速度で進みながら、宇宙船のまっすぐ前方に向かって光線を発射したとすると、あなたもわたしも、そして宇宙にいてその光線の速度を測定するほかのみんなも全員が、その速度は一八万六二八二マイル毎秒だという結果を得る。それだけではなく、宇宙船の後ろ、真上、左右のいずれの方向に光線を発射しようが、われわれは全員、やはり同じ光速の値を得るのである。

そんなバカな。

常識で考えれば、走っている列車の前から前方に向かってまっすぐ弾丸を発射すれば、「弾丸の速度プラス列車の速度」が弾丸の対地速度となる。そして、列車の後ろからまっすぐ後方に向かって弾丸を発射すれば、「弾丸そのものの速度マイナス列車の速度」が弾丸の対地速度となる。この話は弾丸については完全に正しいが、アインシュタインによれば、光の場合は正しくないというのだ。

もちろんアインシュタインは正しかったわけで、しかもこれはとほうもないことを意味する。いつどこで誰が測定しようと、あなたが乗っている架空の宇宙船から発射される光線の速度は同じ値になるのだとしたら、じつにいろいろなことが起こらねばならない。まずはじめに、あなたの宇宙船の速度が増すにつれて、すべてのもの——あなた自身、あなたの測定器具、あなたの宇宙船——は、ほかのすべての者から見て、運動方向に長さが短くなる。さらに、あなた自身の時間経過は遅くなるが、どれだけ遅くなるかというと、あなたが短くなった物差しを取り出して光の速度を測定したときに、ごまかされて、これまでとまったく同じ光速の値を測定値として得てしまうだけきっかり遅くなるのである。この点については、最高のレベルでお膳立てされた陰謀が宇宙規模で行なわれているのだ。

測定方法が改良されて、まもなく光速の測定値は、小数点以下の桁(けた)数がどんどん増えていった。実際、物理学者たちはこの仕事があまりにうまくできるようになってしまい、そのあげく自分たちで測定するのはやめてしまった。

　速度の単位は常に、長さの単位と時間の単位を組み合わせたものになっている——たとえば、五〇マイル毎時とか、八〇〇メートル毎秒などというように。アインシュタインが特殊相対性理論に取り組みはじめたころは、「秒」の定義のほうはうまく使えるものが決まりつつあったが、「メートル」の定義は、まだまだ混乱していた。一七九一年の時点で、パリを通る子午線に沿って測った北極から赤道までの距離の一〇〇〇万分の一の値としてメートルが定義された。そして、この値を決めるためにそれまでに行なわれた取り組みを受けて、一八八九年には、フランスのセーヴルにある国際度量衡局に保管されている白金イリジウム合金でできた原器を、氷が融けるときの温度で測定した長さとして、メートルが再定義された。一九六〇年にはメートルの定義の基盤が再度変更されて、値は一段と厳密なものとなった。その定義とは、クリプトンの同位体、「クリプトン86原子の準位 $2p^{10}$ と $5d^{5}$ とのあいだの遷移に対応する光の真空中における波長の一六五〇七六三・七三倍に等しい長さ」というものだ。これならあいまいなところなどなく、厳密な定義といえるだろう。

　結局、光の速度のほうが、メートルの長さよりもはるかに正確に測定できることが当事者全員にはっきりとわかった。そのような次第で、一九八三年の度量衡総会では、光の速度を、最新の最善の値、二億九九七九万二四五八メートル毎秒に定めることが決定された。

「測定された」のではなく、「定められた」のである。言い換えれば、このとき光速を元にメートルが再定義されたということで、メートルは光が真空中を一秒間に進む距離の厳密に1/299792458となったのだ。したがって、今後誰かが光速を一九八三年の値よりも正確に測定したなら、その人は、光の速度そのものではなくて、メートルの長さを修正することになるのである。

だが、心配することはない。今後光速の測定値の精度が向上するとしても、それはあまりに小さい変化であって、あなたが学校で使う定規に影響が及ぶことはない。あなたが平均的なヨーロッパ男性なら、あなたの身長は一・八メートルをわずかに下回ったままだろうし、あなたがアメリカ人なら、まったく変わらぬひどい燃費のSUV車を乗りまわしつづけていることだろう。

光の速度は天体物理学的に神聖なものかもしれないが、決して不変ではない。空気、水、ガラス、そして特にダイヤモンドなど、あらゆる透明な物質のなかで、光は真空中よりもゆっくりと進む。

しかし、真空中の光速は定数である。ある量がほんとうに定数であるためには、それがどのような方法で、いつ、どこで、どのような理由で測定されるかにかかわらず、常に不変でなければならない。ところが、光速を取り締まる警察はあらゆる先入観とは無縁であり、この数年間、ビッグバン以降の一三七億年のあいだに光速が変化したという証拠を探し求めてきた。彼らが特に注目して測定してきたのは、真空中の光速に、プランク定数、π、電子の電荷などのほかの物理定数が組み合わされた、微細構造定数と呼ばれる定数だ。このさまざまな定数を組み合わせて作られた定数は、恒星や銀河のスペクトルに影響を及ぼす、原子のエネルギー準位に生じるわずかな変化の指標である。宇宙では、遠方の物体を見れば遠い過去を見ることになり、したがって宇宙は巨大なタイムマシンだといえるので、微細構造定数が、時が経過するうちに何らかの変化をしていたなら、それは宇宙を観察すれば気づくはずだ。十分説得力のある理由があって、物理学者たちは、プランク定数や電子の電荷は変化しないと考えており、また、πの値が変化することは絶対にないだろうから、もしも微細構造定数が変化していたことが明らかになったなら、その原因は光速の変化にしかありえないことになる。

天体物理学者たちが宇宙の年齢を計算するひとつの方法では、光速は常に一定であると仮定しているので、宇宙のどこかで光速が違う値を示しているかもしれないということは、決していっときのテーマではない。しかし、二〇〇六年一月現在、微細構造定数が、過去のいつか、宇宙のどこかで別の値であったという証拠は、まだ物理学者たちの測定からは見つかっていない。

第13章　弾道飛行する

ボールを使うほとんどすべてのスポーツで、ボールはどこかの時点で弾道飛行する。野球、クリケット、フットボール、ゴルフ、ラクロス、サッカー、テニス、あるいは、水球、何をやっているにしても、ボールは、投げられ、打たれ、あるいは蹴られて、そのあとしばらく空中を飛んでから地面に戻る。

空気抵抗がこれらのボールすべてに影響を及ぼすが、ボールに運動を始めさせたのが何だったかやボールがどこに落ちたかには無関係に、ボールの基本的な経路は、ニュートンが一六八七年に出版した運動と引力に関する偉大な著作、『プリンキピア』のなかにある、ひとつの単純な方程式によって記述される。数年後ニュートンは、彼が発見したさまざまな事柄を、ラテン語を理解しない一般読者のために訳して、『世界の体系』を書いたが、これには、石を水平に投げる際に、その速度をどんどん上げていったらどうなるかが記されている。ニュートンは、最初当たり前のことを述べる。「石は、投げられた地点からどんどん遠い地点で地面に落下し、ついには地平線の向こう側で落下する」。これに続いて彼は、速度が十分上がれば、石は地面に落下することなく、地球をまるまる一周し、戻ってきてあなたの頭のうしろにぶつかるだろうと説明する。その瞬間、あなたが身をかがめれば、石は一般に「軌道」と呼ばれているものを描いていつまでも飛びつづけるだろう。これが、弾道飛行の究極のかたちである。

地球低軌道（愛称はＬＥＯ）に到達するために必要な速度は、横方向に一万八〇〇〇マイル毎時（訳注　約二万七四〇〇キロメートル毎時）を少し切るぐらいで、これで約一時間半かかって地球を一周する。世界初の人工衛星スプートニク一号や、地球の大気の外に初めて出た人間であるガガーリンが打ち上げ後にこの速度に到達しなかったとしたら、地面に戻る前に地球を一周しおえることはできなかっただろう。

ニュートンはまた、球形をした任意の物体が及ぼす引力は、まるでその物体のすべての質量がその中心に集中しているかのように振舞うことも示した。実際、地球の表面にいる二人の人間が投げ合うすべての物体もまた軌道を描いて運動しているには違いないのだが、ただし、その軌道が地面と交差してしまうのである。このことは、一九六一年にアラン・Ｂ・シェパードがマーキュリー宇宙船、フリーダム・セブン（訳注　アメリカの有人宇宙飛行計画のひとつ、マーキュリー計画で打ち上げられたロケット）に乗って行なった一五分間の飛行にも、タイガー・ウッズが打ったドライバー・ショットにも、アレックス・ロドリゲスのホームランにも、あるいは、子どもが放り投げたボールにも当てはまる。これらのものは、準軌道飛行という巧みな表現で呼ばれているものを遂行したわけだ。途中で地球の表面に出会わなければ、これらの物体はすべて、ものすごく細長いとはいえ、完全な軌道を描いて地球の中心の周りを回転するであろう。そして、万有引力の法則はこれらの飛行経路を何ら区別しないけれども、NASAは区別する。シェパードの飛行は、大気がほとんど存在しない高さにまで到達しており、そのため空気抵抗の影響をほとんど受けなかった。これだけの理由で、メディアは即座に、初めて宇宙を旅したアメリカ人という栄誉ある称号をシェパードに与えた。

準軌道は、弾道ミサイルが飛ぶ経路だ。投げたあと弧を描いて目標物に向かう手榴弾と同じように、弾道ミサイルも発射されたあとは引力の作用だけで「飛ぶ」。これらの大量破壊兵器は超音速で進むが、これは地球の半周を四五分で飛んでから時速数千マイルの速度で地表に突っ込んでくるに十分な速さだ。弾道ミサイルが十分に重ければ、ただ空から落ちてくるだけで、その弾頭に搭載された従来型爆弾の爆発よりも大きな被害を与えることができる。

世界初の弾道ミサイルは、ヴェルナー・フォン・ブラウン指揮するドイツの科学者チームによって設計され、第二次世界大戦でナチスが主にイギリスに対して使ったV2ロケットである。地球の大気圏より上に初めて打ち上げられた物体である、巨大な翼の付いた弾丸型のV2（Vは、「報復兵器」という意味のVergeltungswaffeの略）は、当時描かれた宇宙船の絵のすべてに刺激を与えた。フォン・ブラウンは、連合軍に投降したのちアメリカへ送られ、一九五八年のアメリカ初の人工衛星エクスプローラー一号の打ち上げを監督することになる。その直後彼は、創設されたばかりのアメリカ航空宇宙局（NASA）に移籍した。NASAでブラウンは、これまでに製造された最強のロケット、サターンVを開発し、月に降り立つというアメリカの夢の実現を可能にしたのだった。

数百個の人工衛星が地球の周囲を回転しているのと同時に、地球そのものが太陽の周囲を回転している。ニコラウス・コペルニクスは、一五四三年に出版された『天球の回転について』のなかで、太陽を宇宙の中心に据え、地球と、当時知られていたほかの五つの惑星――水星、金星、火星、木星、土星――は、その周囲を真円軌道を描いて回転していると主張した。コペルニクスは知らなかったが、円は軌道としては極めて稀な形で、われわれの太陽系に属する惑星の軌道で、円で記述できるものはひとつもない。実際の形を導き出したのは、ドイツの数学者で天文学者でもあったヨハネス・ケプラーで、彼はその計算を一六〇九年に発表した。彼がまとめあげた惑星の運動に関する法則の第一のものは、惑星は太陽の周囲を楕円軌道で回転すると述べている。楕円とは、円が押しつぶされた形で、どの程度押しつぶされているかは、通常はeと略して表示される、離心率と呼ばれる数値で表される。eがゼロなら、完全な円となる。eがゼロから増加して1に近づくにつれ、楕円はどんどん細長くなる。

当然ながら、離心率が大きくなればなるほど、ほかの軌道と交わる可能性が高まる。太陽系外縁部から飛び込んでくる彗星が、離心率がひじょうに大きい軌道を運動しているのに対して、地球と金星の軌道は円にたいへん近く、どちらも離心率はひじょうに小さい。最も離心率が大きい軌道を運動している「惑星」は冥王星で、はたせるかな、太陽の周囲を回るたびに、冥王星は海王星の軌道と交差し、まるで彗星のような怪しい振舞いをする。

細長く押しつぶされた楕円軌道の最も極端な例は、かの有名な、アメリカ側から地面をずっと掘って中国側まで到達した穴だ。地理が苦手なわれわれの同胞市民の期待に反して、地球上でアメリカ合衆国の反対側にあたるのは、中国ではない。地球の反対側にある二つの点を結ぶ直線経路は、地球の中心を通らねばならない。では、アメリカの反対側には何があるのだろう？　答えは、インド洋である。深さ三〇〇〇メートル以上もある海水の底に出現するのを避けるためには、少し地理を勉強して、モンタナ州シェルビーから掘りはじめて、地球の中心を通り、ケルゲレン諸島へ出なければならない。

さて、ここからが面白い。この穴に飛び込もう。あなたは、自由落下して無重力状態になって加速を続け、地球の中心に到達する——ここで、鉄が溶融したコアのものすごい熱のためにあなたは蒸発してしまう。だが、この議論ではそのようなやっかいな問題は無視することにしよう。あなたは、引力がゼロになる中心に徐々に近づき、やがてそこを通過して、今度は徐々に減速しながら地球の反対側に到達し、そこで速度はゼロになる。しかし、ケルゲレン島の人があなたをつかまえてくれないかぎり、あなたは穴のなかへとふたたび落ちて、この旅を無限に繰り返す。あなたは、バンジージャンプ愛好家たちをうらやましがらせただけではなく、約一時間半かけて——スペースシャトルの軌道と同じ時間だ——本当の軌道を一周したのである。

軌道のなかには、離心率がひじょうに大きく、環を描いて戻ってくることは決してないものもある。離心率がちょうど1のとき、軌道は放物線になり、離心率が1より大きくなると、軌道は双曲線となる。これらの曲線の形を描くには、懐中電灯で近くの壁をじかに照らすといい。懐中電灯から発する光の円錐は、壁に光の円を作るだろう。さて、懐中電灯を少しずつ上に向けると、円はゆがんで楕円となるが、楕円はどんどん細長くなっていく。懐中電灯の光の円錐が真上を向いたとき、近くの壁に当たる光は、ちょうど放物線の形を作る。懐中電灯をさらに少し傾けると、今度は双曲線となる（これで、今度キャンプに行ったときに、あなたはちょっと変わったことができるわけだ）。天体物理学者たちがこのような軌道を進む物体はひじょうに速く、決して戻ってはこない。天体物理学者たちがこのような軌道を飛ぶ彗星を発見することがあれば、その彗星は、星間空間の彼方で出現して、一度限りの旅で内太陽系を訪れたのだといえるだろう。

ニュートンの万有引力は、宇宙の任意の場所で、任意の二つの物体のあいだに働く引力を記述する。それらの物体がどこで見つかろうが、何でできていようが、どんなに大きかろうが、あるいは、どんなに小さかろうが、関係なく記述できる。たとえば、ニュートンの万有引力の法則を使って、地球と月という二つの物体からなる系について、その過去から未来にいたるまでの振舞いを計算することができる。ところが、第三の物体——第三の引力源——が加わると、系の振舞いは著しく複雑になってしまう。より一般的には「三体問題」と呼ばれているこの三角関係は、とほうもなく多様な軌道が可能となり、それを追跡するのは普通、コンピュータなしには無理だ。

三体問題には、注目に値する、巧妙な解法がいくつかある。そのひとつは、制限三体問題と呼ばれるもので、ここでは、第三の物体はほかの二つに比べて質量がひじょうに小さく、方程式ではその存在を無視できるという単純化をする。この近似を用いれば、系をなす三つの物体すべてについて、動きを確実に追跡できる。しかもこれはごまかしではない。このような例が実際の宇宙のなかにたくさん存在する。たとえば、太陽、木星、そして、木星のちっぽけな衛星という系だ。太陽系から選んだもうひとつの例では、岩の一群が、安定した軌道の上、木星の五億マイル前後の位置で、太陽の周囲を回転している。これは、第2部で触れたトロヤ群で、これに属する小惑星の一つひとつが、（まるでSFに出てくる牽引(けんいん)ビームに捕らえられたかのように）木星と太陽の引力に拘束されている。

三体問題のもうひとつの特殊なケースは、最近になって発見されたものだ。質量が等しい三つの物体が、宇宙空間で8の字型の軌道を描いて、お互いに追いかけあっているとしよう。二つの卵型コースをつなぐ交点で車が衝突するのを見に人々が集まる自動車レース場とは違い、この設定では、参加者はもっとちゃんと保護されている。これらの物体のあいだで働く引力の要請で、この系は、交点で常に「バランス」していなければならないのである。しかも、複雑な通常の三体問題とは異なり、すべての運動はひとつの平面のなかで起こる。残念ながら、この特殊なケースは極めて風変わりで、おそらく、われわれの銀河の一〇〇〇億の恒星のなかにはひとつとしてそのような例は存在しないだろうし、また、宇宙全体でもほんの二、三例しかなく、8の字三体軌道は、天体物理学には無関係な、純粋に数学上の興味深い事柄ということになるのだろう。

その他ひとつ二つ、すっきりしてわかりやすいケースがあるものの、それ以外は、三つ以上の物体が関わる引力の相互作用は、結局それぞれの物体の軌道をぐちゃぐちゃにしてしまう。どうしてそんなことになるかを実感するには、コンピュータを使って、ニュートンの運動の法則と万有引力の法則をシミュレートし、個々の物体を、その物体と他のすべての物体一つひとつとのあいだで働く引力に従って、計算のなかで少しずつ動かしてみるといい。すべての力を計算しなおし、そしてこれを繰り返す。この演習は、単に学問的興味を満たすだけではない。太陽系全体にしても、小惑星、衛星、惑星、そして太陽が、相互の引力によって絶えず引かれあっている、多体問題の状態にある。ニュートンはこの問題を紙とペンで解くことができず、たいへん憂慮した。太陽系全体が不安定で、惑星はみな、いつかは太陽にぶつかってしまうか、あるいは、星間空間に放り出されるかのいずれかではないかと恐れた彼は、このあと第7部で見るように、神がときおり介入して、物事を正してくれるのだと仮定した。

その後一〇〇年以上経って、ピエール－シモン・ラプラスが、『天体力学』という代表作のなかで、太陽系の多体問題の解を示した。だが、そのために彼は、摂動論と呼ばれる新しい形式の数学を編み出さねばならなかった。解析の出発点において、大きな引力源がひとつだけあって、それ以外の力はすべて、常に働いてはいるが、極めて小さい――まさに、われわれの太陽系の状況である――と仮定する。ここからラプラスは、解析的な手法を用いて、太陽系は実際に安定であり、それは新たな物理法則は必要なしに示せることを明らかにした。

だが、ほんとうにそうだろうか？　第5部で詳しく見るが、最近の解析では、ラプラスが考えていたよりもはるかに長い、数億年という時間尺度では、惑星の軌道はカオス的になることが示されている。そのような状況では、水星は不安定になって太陽に向かって落下し、土星も不安定になって、こちらは太陽系から放り出されてしまう。なお恐ろしいことに、太陽系が誕生した当初は、何十個もの惑星が存在していたのに、その大部分がとうの昔に星間空間に飛んでいってしまったというのだ。怖いようなことがいろいろとわかってきたが、このような事実の探究は、そもそもコペルニクスの単純な円軌道に始まったのであった。

あなたが弾道飛行をするときはいつも、自由落下の状態にある。ニュートンが思い描いた石はすべて、地球に向かって自由落下していた。軌道を回転できるようになった石もやはり、地球に向かって自由落下していたのだが、地球の表面も、石が進んでいく下で、石が落下するのとちょうど同じ割合で湾曲(わんきょく)していたのである。これは、その石が特殊な斜め方向の運動をしていた結果だ。国際宇宙ステーションも、やっぱり地球に向かって自由落下している。月にしてもしかり。そして、ニュートンの石と同じように、これらのものはみな、地面に激突するのを避けられる、このとんでもなく特殊な斜め方向の運動をしているのだ。スペースシャトル、宇宙遊泳していたがはぐれてしまった宇宙飛行士や、そしてLEOを周回しているほかの機材も含め、これらの物体はすべて、約九〇分かけて地球を一周する。

しかし、高度が上がるほど、軌道周期は長くなる。先に触れたように、高度二万二三〇〇マイル（約三万五七八六キロメートル）になると、軌道周期は地球の自転速度に等しくなる。この高さに打ち上げられた人工衛星は、地球に対して静止状態を保ち、静止衛星と呼ばれる。これらの衛星はわれわれの惑星のある一点の上に「空中静止」し、大陸間での高速通信を常時可能にする。これよりもはるかに高い、高度二四万マイル（約三八万四四〇〇キロメートル）にあるのが月で、二七・三日かかって地球を一周している。

自由落下が持つ面白い特徴のひとつが、そのような軌跡を描いている乗り物に乗っているあいだは、常に無重力状態になるということである。自由落下しているときは、あなたもあなたの周りのすべてのものも、まったく同じ速度で落下する。あなたの両足と床のあいだに置かれた体重計も、やはり自由落下している。この体重計にはほかのものからは一切力がかかっていないので、目盛はゼロを示しているはずだ。まさにこの理由で、宇宙飛行士は宇宙で無重力状態になるのである。

だが、宇宙船が加速したり、回転したり、あるいは地球の大気の空気抵抗を受けはじめた瞬間、自由落下状態は終わり、宇宙飛行士たちはいくらか体重を取り戻す。ＳＦファンなら誰でも、宇宙船を特定の速さで回転させるか、あるいは、地球に向かって落下する物体と同じ割合で宇宙船を加速させれば、乗船しているあなたは、病院の体重計で量ったのときっかり同じ体重になるということを知っている。だから、航空宇宙エンジニアたちは、十分納得しさえすれば、長い退屈な宇宙旅行のあいだずっと地球の引力をシミュレートできるように、あなたが乗る宇宙船を設計してくれるだろう。

ニュートンの軌道力学をうまく応用したもうひとつの例は、「スイングバイ」や「重力アシスト」と呼ばれる、天体の引力を石を飛ばすパチンコのように利用して、宇宙船の進行方向を変える技術だ。宇宙機関は、目標とする惑星に到達するのに必要な量よりも少ないエネルギーしか搭載していない状態で宇宙探査機を地球から打ち上げることがよくある。必要な全燃料を積む代わりに、軌道技術者たちは、木星など、動いている重い引力源の近くを通過するような巧妙な経路に沿って探査機を飛ばす。木星が動くのと同じ方向に動きながら木星に接近することによって、探査機は近接飛行（フライバイ）するあいだに木星から少しエネルギーを奪うことができ、そして、ハイアライ（訳注　スペインや中南米で盛んな、手に細長い籠状のものを付けて、そこに入れた球を思い切り壁にぶつけては受け止める球技）のボールのように、前方に飛んでいく。複数の惑星が適切な配置にあれば、探査機は、土星、天王星、海王星を通過する際にも同じ手を使って、やはり少しずつエネルギーを分けてもらうことができる。これは、エネルギー支援として決して小さくはない。木星で一度スイングバイすれば、探査機が太陽系を進む速度は二倍にもなる。

「弾道飛行する」という英語の熟語「going ballistic」に、「カッとなる」という日常会話での意味を持たせるきっかけとなった、われわれの銀河のなかをものすごい速さで動いている恒星たちは、天の川銀河の中心にある超大質量ブラックホールの付近を通過する際にそのような高速を得る。このブラックホール（あるいは、ブラックホールなら何でも同じだが）に向かって落ちるとき、恒星は光速に近い速度に達する。こんなことができる物体は、ブラックホール以外にない。恒星の軌跡がブラックホールをほんの少し外れ、ニアミスをする場合、恒星はブラックホールに飲み込まれるのを避けることができるが、その速度は劇的なまでに上がる。ここで、数百個から数千個の恒星がこの大騒ぎを繰り広げているところを想像してみていただきたい。天体物理学者たちは、このような恒星の集団体操演技――たいていの銀河の中心部で見つけ出せる可能性がある――が発見できれば、それはブラックホールが存在するという決定的な証拠となると考えている。

肉眼で見ることができる最も遠い物体は、われわれに最も近い渦巻銀河、あの美しいアンドロメダ銀河である。これはいいニュースだ。だが、悪いニュースもあって、現在入手可能なすべてのデータからすると、われわれの銀河とアンドロメダ銀河は、このままでは衝突してしまうと予想されている。この二つの銀河が互いの引力にひきつけられてどんどんと深く抱擁しあうにつれて、われわれは捻じ曲げられちりぢりに散らばった星の残骸と、衝突しあうガス雲となってしまうだろう。あと六、七〇億年もすればそんな状況になる。

いずれにせよあなたは、アンドロメダとわれわれの銀河の両方が全体として弾道飛行をするなかで、両銀河の超大質量ブラックホールどうしの衝突劇が見られる観覧席のチケットを売って商売できるかもしれない。

第14章　密度が高いとはどういうことか

五年生のとき、同じクラスにいた悪ふざけ好きの友だちが、「一トンの鳥の羽根と、一トンの鉛と、どっちが重い?」とわたしに尋ねた。いや、わたしはひっかからなかった。だが、密度というものをきちんと理解すれば、生活にも宇宙の理解にもものすごく役立つのだということは、まったく知らなかった。密度を計算する一般的な方法は、もちろん、その物体の質量と体積の比を取ることだ。しかし、たとえば、ある人の脳が「常識ではこうだよ」と教えられるのにどれだけ抵抗するかとか、マンハッタンのようなエキゾチックな島で、一マイル四方に何人の人間が住んでいるかなど、密度にはほかにもいろいろな種類がある。

われわれの宇宙のなかで測定される密度には、あぜんとするほどの幅がある。最も高い密度が確認されるのは、パルサーのなかだ。パルサー内部では、中性子がものすごく高密度に詰まっていて、指貫（ゆびぬき）一個分の体積が、五〇〇〇万頭のゾウの群れとほぼ同じ重さである。そして、手品ショーで一羽のウサギが「虚空」に消えるとき、その虚空にはすでに一立方メートルあたり一〇、〇〇〇、〇〇〇、〇〇〇、〇〇〇、〇〇〇、〇〇〇、〇〇〇、〇〇〇（一〇𥝱（じょ））個以上もの原子が含まれているとは誰も言ってくれない。実験室で使用する最高の真空槽では、空気を排除して、一立方メートルあたり原子一〇、〇〇〇、〇〇〇、〇〇〇（一〇〇億）個にまで減らすことができるが、惑星間空間は一立方メートルあたり原子一〇〇〇万個、星間空間は一立方メートルあたり原子五〇万個という低密度だ。しかし、「虚空にいちばん近い」ことで賞を与えるとしたら、それは、一〇立方メートルあたり数個以上の原子を見つけるのが困難な、銀河間の空間以外ないだろう。

　宇宙のなかで見られる密度の範囲は、一〇の四四乗もの幅がある。宇宙の物体を密度だけで分類したとすると、目立った特徴が驚くほどはっきりと現れるだろう。たとえば、ブラックホール、パルサー、白色矮星（はくしょくわいせい）など、高密度で体積の小さい物体はすべて、表面部にひじょうに強い引力を持っており、中心に向かって収束する渦を巻く円盤のなかにどんどんものを取り込む。もうひとつの例は、星間ガスの性質に関するものだ。天の川銀河、そしてほかの銀河のどの場所を観察しようとも、最も高密度のガス雲は、恒星が新たに生み出される場所となっている。恒星がどのように形成されるかについての詳細を、われわれはまだ完全には理解していないが、ほとんどすべての恒星形成理論で、ガス雲が重力によって収縮して恒星を形成する際に、ガス密度が変化することにはっきりと言及しているのは至極当然だ。

天体物理学、とりわけ惑星科学では、小惑星や衛星について、その密度を知るだけで、全体としての組成を推測できることが多い。どうしてそんなことができるのかというと、太陽系で共通に見られる成分の多くは、特徴的な密度を持っていて、それで互いに区別することができるからだ。液体状態にある水の密度を測定単位とすると、凍結した水やアンモニア、メタン、二酸化炭素（彗星でよく見られる成分）は、すべて密度が一より小さい。内惑星や小惑星でよく見られる岩石物質は、密度が二から五である。惑星のコアや小惑星によく含まれている、鉄やニッケルなど数種類の金属は、密度が八以上だ。これらさまざまな内容物の中間に当たる、平均的な密度を持つ物体は、通常、これらごく普通に見られる内容物が混合したものだと解釈される。地球については、もうすこしていねいな推測が可能だ。地震のあとで地球内部を伝わる音波は、地球の中心から表面に向かって、密度がどのように変化しているかに直接関係した振舞いをする。入手可能な最良の地震データによれば、コアの密度は約一二だが、外側の地殻の密度は三にまで下がる。すべて平均すると、地球全体の密度は約三・五となる。

密度を求める公式には、密度、質量、体積（大きさ）が出てくるので、これらの量のうち二つを測定または推定したなら、三つめの量を計算することができる。太陽に似た、肉眼でも観察できるペガサス座51番星という恒星の周囲を回転している惑星の質量と軌道は、データから直接計算して求められた。続いて、この惑星はガス性なのか（その可能性が高い）岩石性なのか（その可能性は低い）を仮定すれば、この惑星の大きさについて、おおまかな推測ができる。

人々が、ある物質が別の物質よりも重いと主張するとき、暗黙のうちに比較しているのは、重さではなくて密度である。たとえば、「鉛は羽根よりも重い」という、単純だが厳密に考えれば曖昧な主張は、じつは密度の問題なのだと、ほとんどすべての人が解釈するだろう。だが、この暗黙の了解が通らない注目すべきケースがいくつかある。ヘビー・クリーム（訳注　乳脂肪分が三六から四〇パーセントのクリームで、ホイップ・クリームよりも脂肪分が多い）は、脱脂粉乳（スキムミルク）よりも軽く、一五万トンのクイーン・メリー二号も含め、すべての航洋船は水よりも軽い（密度が低い）。これらの主張が誤りならば、ヘビー・クリームもクルーズ客船クイーン・メリー二号も、それらが浮かんでいる液体の底に沈むはずである。

密度にまつわるその他の面白い話題にはこんなものがある。

引力が働いているとき、熱い空気は、単純にそれが熱いから上昇するのではなく、周囲の空気よりも密度が低いから上昇するのである。同様に、冷たく密度が高い空気は下降すると断言することができ、これら二つの現象が同時にあってこそ、宇宙のなかで対流が起こる。

固体の水（普通氷と呼ばれている）は、液体の水よりも密度が低い。もしもこの逆が真実だったなら、冬場、大きな湖や川は、底から表面まで完全に凍ってしまい、魚はみんな死んでしまうだろう。水面に浮いている低密度の氷の層が、その下にある温かい水と冷たい冬の空気との断熱層となって、魚を守っているのである。

死んだ魚の話といえば、水槽で腹を上にして浮かんでいる死んだ魚はもちろん、生きている魚よりも一時的に密度が低くなっている。

知られているほかのすべての惑星とは異なり、土星の平均密度は水よりも小さい。言い換えれば、ひとすくいの土星は湯船に浮かぶのである。このことを知って以来、わたしは風呂で遊ぶのに、ゴムのアヒルではなくて、ゴムの土星がほしいとずっと思っている。

ブラックホールに物体を落とすと、そのブラックホールの事象の地平線（それを越えてしまうと、光を含む何物も外へ逃れ出られなくなる境界線）は、ブラックホールの質量に直接比例して伸びる。このため、ブラックホールの質量が増大するにつれて、その事象の地平線内の平均密度は実際には減少することになる。その一方で、われわれの手元にある方程式からわかるかぎりでは、ブラックホールの内部にある物質は崩壊して、その中心部の一点に、ほぼ無限大の密度で存在しているのである。

そして、最大の謎はこれだろう。未開缶のダイエットペプシは水に浮くが、未開缶の普通のペプシは沈む。

箱のなかのビー玉の数を二倍にしても、もちろんその密度は変化しない。なぜなら、質量も体積も二倍になり、両者相俟って密度には正味の影響がまったく及ばないからだ。しかし宇宙には、質量と体積に対して相対的に決まる密度という量が、不思議な振舞いをする物体が存在する。箱のなかに、柔らかくふわふわした綿毛が入っているとしよう。綿毛の数を二倍にすると、底のほうにある綿毛はつぶれてぺしゃんこになる。綿毛の質量は二倍になったかもしれないが、体積は二倍にはなっておらず、正味の密度は増加したことになる。自分の重さで押しつぶされてしまうようなものはすべて、このような振舞いをする。

地球の大気も例外ではない。地球大気に含まれる分子の半分は、地球表面の上約四・八キロメートルの範囲内に押し込まれている。天体物理学者にとっては、地球の大気はデータの質に悪影響を及ぼすもので、だからこそ、われわれが調査を行なうために山頂に逃れるという話を、みなさんはしばしば耳にされるわけだ。われわれは、地球の大気をできるかぎり自分たちよりも下側に置き去りにしようとしているのである。

地球の大気の上限は、それが惑星間空間のひじょうに低密度のガスと混ざって区別できなくなるところだ。通常この境目は、地球表面の数千マイル（八〇〇〇キロメートル程度）上にある。スペースシャトル、ハッブル宇宙望遠鏡、そしてそのほか、地球表面のたった数百マイル（八〇〇キロメートル程度）上空の軌道を周回している人工衛星は、定期的にエネルギーを補充しなければ、残留大気の空気抵抗のせいで、いつかは軌道を外れて落ちてしまうことに注意していただきたい。だが、太陽の活動が活発な時期（一一年周期で起こる）には、地球大気の上層部に注がれる太陽放射が増し、その部分の大気は加熱されて膨張する。この時期、大気はさらに一〇〇〇マイル（約一六〇〇キロメートル）も宇宙空間に向かって広がり、人工衛星の軌道を通常よりも早く縮小させる。

　実験室で真空が実現されるまでは、「虚無」に最も近いものとして誰もが思い浮かべるものといえば空気だった。土、火、水とならんで、空気はアリストテレスが提唱した、知られている世界を構成する四大元素のひとつであった。彼の図式のなかには、じつはこのほかに、「クインテッセンス」と名づけられた第五（クイント）の元素があった。クインテッセンスなんて、この世のものとは思えないような響きだが、空気よりも軽く、火よりも輝かしく、希薄になったクインテッセンスが天体を構成していると考えられていた。いかにも風変わり（クウェイント）だ。

　希薄（低密度）な環境は、何も宇宙にまで目を向けなくても見つけることができる。地球の大気圏上層部で十分だ。海面から始まる大気の層は、一平方インチあたり約一五ポンドの重さがある（訳注　一平方センチメートルあたり約一キログラム）。つまり、数千マイル上空から海面まで、大気をクッキー生地のように型抜きして秤（はかり）の上に載せたとしたら、それは一五ポンドの重さがあるということだ。ちなみに、底面一平方インチの水の層なら、たった三三フィート（約一〇メートル）で一五ポンドになる（訳注　底面一平方センチメートルの水は、厚さ一〇メートルで一キログラムになる）。山頂や飛行機で空高く飛んでいるときは、あなたの頭上にある型抜きした大気層は薄くなっているので、それだけ軽くもなっている。世界最高性能の望遠鏡が何台かある、ハワイのマウナケア山の標高一万四〇〇〇フィート（四二〇五メートル）の山頂では、大気圧は一平方インチあたり約一〇ポンドにまで低下する（訳注　一平方センチメートルあたり約七〇〇グラム）。現地で観測する天体物理学者たちは、脳の活動を維持するために、ときどき酸素ボンベから酸素を吸っている。

知られているかぎりでは天体物理学者などひとりもいない上空一〇〇マイル（約一六〇キロメートル）以上の高さでは、大気はひじょうに希薄になり、気体分子は互いに衝突するまでに相当長い距離を進む。大気の分子どうしが次の衝突を起こすまでのあいだに、外部からやってきた粒子とぶつかると、大気の分子は一時的に励起（れいき）された状態となり、次の衝突までのあいだに独特の色を示すスペクトルで発光する。外部から来てぶつかった粒子が、陽子や電子など太陽風の成分だった場合、大気分子が発光するとまるで波打つカーテンのように見え、これをわれわれは普通オーロラと呼んでいる。オーロラのスペクトルが初めて測定された当時は、実験室内で同じものを得ることはできなかった。やがて、この発光する分子の正体は、励起されてはいるものの、ごく普通の窒素や酸素の分子であることが明らかになった。海面付近では、これらの分子は互いに頻繁に衝突しあっているので、この励起した分に当たる余分なエネルギーはすぐに吸収されてしまい、大気分子そのものの発光として現れることはないのである。

謎めいた光を出すのは、地球の上層大気だけではない。太陽のコロナが示すスペクトル構造は、長年にわたって天体物理学者たちを悩ませてきた。コロナとは、皆既日食の際に観察できる、美しい、炎のように見える太陽の外層大気で、やはり極めて希薄な領域である。（一九世紀に日食時の観測で）コロナから未知のスペクトルが観測されたとき、これは「コロニウム」という物質によるものではないかと考えられた。太陽コロナは数百万度もの高温であるということがわかって初めて、この謎の元素は、じつはそれまで知られていなかった、外殻電子がほとんどすべて奪われてガスのなかに自由に浮かんでいる、極度にイオン化された鉄であることが突き止められた。

「希薄な」という言葉は、気体に対して使われるのが普通だが、わたしは身勝手を承知で、これを有名な太陽系の小惑星帯にも使いたいと思う。映画などの描写から、小惑星帯とは、家一軒分の大きさがある岩に正面衝突する危険が常に満ち溢れた恐ろしい場所だと思っておられるかもしれない。だが、小惑星帯を作る実際のレシピは次のとおりだ。まず、月の質量（これ自体、地球の質量の八一分の一に過ぎない）の二・五パーセントを取り、これを数千個の破片に砕いて小惑星を作る。このとき、総質量の四分の三が四つの小惑星に含まれるようにすること。そして、これらの小惑星すべてを、太陽の周りの全長一五億マイル（約二四億キロメートル）の軌道に沿って、一億マイル（約一億六〇〇〇万キロメートル）の幅にわたってばらまけばいい。

彗星の尾は、はかなげで希薄ではあるが、周囲の惑星間空間に比べれば、一〇〇〇倍も密度が高い。彗星の尾は、太陽光を反射し、太陽から吸収したエネルギーを再放出して、その希薄さからすれば驚くほどの存在感を示す。ハーバード－スミソニアン天体物理学センターのフレッド・ホイップルは、われわれが現在有する彗星に関する知識を得るうえで先導役を果たした人物として広く認められている。彼は、彗星の尾を、「最も少量の材料を元に作られた、これまでで最大級のもの」と簡潔に表現した。実際、長さ五〇〇〇マイル（約八〇〇〇キロメートル）に及ぶ彗星の尾全体を普通の大気の密度まで圧縮したなら、尾をなしているガスは、半マイル立方（約〇・五立方キロメートル）にすべて収まってしまう。天文学的にはありきたりだが猛毒のシアンガス（CN）が彗星の尾に含まれていることが初めてわかり、そのあとしばらくして、一九一〇年にハレー彗星が木星軌道の内側である内部太陽系を再訪した際に、地球がその尾のなかを通過するだろうということが公表されたときには、騙されやすい人々がいかさま製薬会社から解毒剤を購入するパニック状態となった。

太陽の熱核融合エネルギーのすべてが生成されている太陽のコアは、低密度の物質を求めて探すべき場所ではない。コアは太陽の体積のたった一パーセントを占めるに過ぎない。太陽全体の平均密度は、地球の平均密度の四分の一しかなく、普通の水に比べて四〇パーセント密度が高いに過ぎない。言い換えれば、ひとすくいの太陽は風呂おけのなかで沈むには沈むが、すぐに沈んではしまわないのだ。とはいえ、これから五〇億年もすれば、太陽のコアのなかの水素はほとんど、核融合によってヘリウムへと転換されてしまい、その後まもなく、ヘリウムが核融合して炭素ができはじめるだろう。そのあいだに、太陽の光度は一〇〇〇倍になり、同時にその表面温度は現在の半分に低下するだろう。物理法則から、ある物体が光度を上昇しながら同時により低温になる唯一の方法は、大きくなることだけだとわかる。第5部で詳細に論ずるが、太陽は最終的には、地球の軌道が囲む体積を満たしてさらにそれを越えるほど希薄なガスの球になるまで膨張し、その平均密度は、現在の値の一〇〇億分の一以下に低下してしまうだろう。当然、地球の海も大気も蒸発して宇宙に拡散してしまい、すべての生物も気化してしまっているだろうが、今ここでわれわれがそんなことを心配する必要はない。太陽そのものに飲み込まれるその前に、太陽の外側の大気が地球にかかりはじめる段階で、この大気は希薄になっているとはいえ、それでもなお地球が軌道上を運行するのを妨げるので、われわれは容赦なく熱核融合のただなかへとらせんを描いて落下させられ、そして忘れ去られてしまうのである。

われわれは自分たちが属する太陽系を離れて、星間空間へと挑む。人間はこれまでに、太陽系脱出速度に到達することのできる宇宙探査機を四機打ち上げている。パイオニア一〇号と一一号、そしてボイジャー一号と二号だ。このなかで最も速いボイジャー二号は、約二万五〇〇〇年をかけて、太陽とその最寄りの恒星をへだてる距離を走破することができる。

そう、星間空間はからっぽだ。だが、希薄な彗星の尾が惑星間空間でいかにも際立って見えるのと同じように、星間空間にあるガス雲も、周囲の一〇〇〇倍もの密度を持ち、付近に明るい恒星があれば、それに照らし出されて、自らの存在をあっさりと暴露する。これら色彩豊かな星雲状物質からの光もそのスペクトルデータが初めて解析された際には、やはり未知のパターンを示した。われわれの無知をとりあえず埋めるために「ネブリウム」という元素の存在を仮定しようという提案がなされた。一九世紀末には、周期表のどこにも、ネブリウムと同定できそうな元素など見当たらなかった。実験室での真空技術が向上し、やはり未知のスペクトル構造が既知の元素のものであることが次々と明らかになってくると、普通の酸素が普通でない状態を取っているのがネブリウムの正体ではないかという疑いがもちあがり、やがてそのとおりであることが確認された。では、その酸素はどんな状態にあったのだろう？　じつは、個々の酸素原子が二個の電子を奪われた状態で、ほぼ完璧な真空である星間空間に存在していたのである。

銀河を離れるそのとき、ガスも、塵も、恒星も、惑星も、宇宙ゴミも、ほとんどすべてをあとに残していくことになる。あなたは、想像を絶する宇宙の虚空へと入るのだ。ここで虚無に関する話を少々。一辺が二〇万キロメートルの、銀河間空間の立方体に含まれている原子の数は、冷蔵庫一台の貯蔵空間を満たす空気に含まれる原子の数とほぼ同じである。銀河の外側では、宇宙は真空を愛するという表現すら生ぬるく、宇宙は真空からできているのである。

悲しいことに、完璧な真空は、作り出したり見出したりできない可能性が高い。第2部で見たように、量子力学の奇妙な予言のひとつに、真の真空は、「仮想粒子」の海で満たされており、そこでは仮想粒子が反物質のパートナーとともに、常時出現したり消滅したりしているというものがある。これらの粒子が「仮想的」と呼ばれるのは、その寿命が極めて短く、その存在を直接測定することは絶対に不可能だからだ。これは、より一般的には「真空エネルギー」と呼ばれているが、いつかやがて、宇宙に指数関数的な急膨張を引き起こし、銀河間空間をますます希薄にさせる、反重力の圧力として振舞うものなのかもしれない。

そのまた先には何があるのだろう？

形而上学をかじった者たちのなかには、宇宙の外側には、空間は存在せず、絶対的に何もないと推測する人もいる。われわれはこれを、仮想ゼロ密度空間、無の無、と呼べばいいのかもしれないが、帽子から出しそこなったウサギがうじゃうじゃいるのが見つかることだけは請け合いだ。

第15章　虹の向こう側

漫画家が描く生物学者、化学者、あるいは技術者はたいてい、衣服を保護するための白衣に身を包み、白衣の胸ポケットからいろいろなペンや鉛筆をのぞかせている。天体物理学者たちはペンや鉛筆をたくさん使うが、何か宇宙に向かって打ち上げるものを製作しているのでないかぎり、白衣を着ることはない。われわれの第一の実験室は宇宙であり、運悪く飛んできた隕石に当たらないかぎり、空から降ってくる腐食性の液体で衣服に染みが付いたりして汚れる恐れはない。だが、ここに大きな問題がある。自分の衣服を汚す可能性もないようなものを、どうやって研究すればいいのだろう？　研究すべき対象物がすべて何光年も離れたところにあるのなら、天体物理学者たちは、宇宙やその内容物について、どうやって何かを知るのだろう？

ありがたいことに、恒星が発する光は、その天空における位置や明るさだけでなく、ほかにも多くのことを教えてくれる。発光する物体の原子は忙しい生活を送る。それらの原子が持っている小さな電子は、常に光を吸収したり放出したりしている。そして、十分高温な環境にあれば、原子どうしが高エネルギー衝突を起こし、その際に原子が持っている一部もしくはすべての電子が振動して自由になり、光を撒き散らしたり、また光を吸収したりできる。そのような次第で、天体物理学者たちが研究する対象となる、原子が発する光には、どんな元素や分子がその原因になっているかを示す、原子ごとに固有の足跡が残っているのである。

早くも一六六六年に、アイザック・ニュートンはプリズムに白色光を通過させて、今ではよく知られている七色のスペクトルを得た。その七色とは、赤、橙、黄、緑、青、藍、紫で、ニュートン自身がこのように区別したのであった（どうぞご遠慮なく、Roy G. Biv と呼んでください〔訳注　英語圏では、虹の色を覚えるのに、それぞれの色の頭文字を取って、「Roy G. Biv」と言うことがある〕）。ニュートン以前に、ほかの人たちもプリズムで遊んでいた。しかし、ニュートンが次にやったことは、前例がなかった。彼はひとつのプリズムを通過して現れた色のスペクトルを、もうひとつのプリズムに通過させて元に戻し、はじめの純粋な白色光を再現したのだった。これは画家のパレットでは決して見られない、光の驚くべき性質を示すものと言える。なぜなら、光なら混ぜると白色光になるところ、同じ色の絵の具を混ぜ合わせると、泥のような色になってしまうからだ。ニュートンはまた、スペクトルに現れたそれぞれの色をさらに分散させようとしたが、これらの色は純粋で、それ以上分離できないことがわかった。そして、七つに色分けがされているとはいえ、スペクトルの色はひとつの色から次の色へとなめらかに連続的に変化する。人間の眼には、プリズムと同じことをする能力は備わっていない——宇宙へのもうひとつの窓は、発見されぬままにわれわれの眼前に横たわっていたのであった。

ニュートンの時代には利用できなかった精密な光学部品と技法を用いて太陽のスペクトルを注意深く調べると、スペクトルはRoy G. Bivの七色だけではなくて、細い帯状をした、色の抜けているところが何カ所もあることがわかる。これらの、光のなかにある「暗線」は、一八〇二年にイギリスの医化学者、ウィリアム・ハイド・ウォラストンによって発見された。ウォラストンは、これらの暗線は、当然色と色の境目にあるのだと、単純な（しかし、ある意味妥当ではある）主張をした。これよりさらに包括的な議論と解釈がもたらされたのは、ドイツの物理学者、光学技術者であるヨゼフ・フォン・フラウンホーファー（一七八七－一八二六）の努力による。彼は、職業人生のすべてを、スペクトルの定量的な分析と、それを可能にする光学装置の製作に捧げた。フラウンホーファーは近代分光学の父と呼ばれることが多いが、わたしは、彼は天体物理学の父でもあったと主張したい。一八一四年から一八一七年にかけて、彼は何種類かの炎の光をプリズムに通過させ、そのスペクトルに現れる暗線のパターンが、太陽のスペクトルに見られるものと似ていることを発見した。そしてさらに、太陽のスペクトルの暗線は、夜空に最も明るく輝く星のひとつ、カペラなど、多くの恒星のスペクトルの暗線パターンに似ていた。

一九世紀の中ごろには、グスタフ・キルヒホッフとローベルト・ブンゼン（化学の授業であなたも使われただろうブンゼン・バーナーは、彼にちなんで名づけられた）という二人の化学者が、燃焼する物質の光をプリズムに通過させる実験を、二人で細々と、しかしねばり強く行なっていた。彼らは既知の種々の元素のパターンを記録し、ルビジウムやセシウムをはじめとする新元素を多数発見した。それぞれの元素のスペクトルを調べると、そのなかには独特の暗線パターン――いわば、自分の名刺――が残されているのだった。この分光学という取り組みはひじょうに実り豊かで、宇宙で二番めに豊富に存在する元素、ヘリウムは、地球で発見されるよりも前に、太陽のスペクトルから発見されたほどだ。この経緯は、ヘリウムという名称の前半が、ギリシア神話の太陽神、「ヘリオス」から来ていることに留められている。

原子とその電子がどのようにしてスペクトル線を作るのかに関する、詳細で正確な説明が登場するのは半世紀後、量子物理学の時代に入ってからのことだが、考え方はすでに大きく変化していた。ニュートンの万有引力の方程式が実験室における物理学の領域を太陽系に結びつけたのと同じように、フラウンホーファーは実験室における化学の領域を宇宙に結びつけたのである。宇宙を満たしているのはどのような元素なのか、そして、それらの元素のパターンが分光学者たちに姿を見せるのは、どのような温度と圧力の条件下でなのかを特定するための舞台装置が初めて整えられたのだった。

机上の空論に陥りがちな哲学者たちによる、やや的外れな主張の例としては、オーギュスト・コント（一七九八－一八五七）が、一八三五年に『実証哲学講義』のなかで行なった、次のような宣言がある。

> 恒星という対象について、視覚による単純な観察に最終的に帰することのできない研究はすべて、われわれには絶対に許されていない。……どのような手段を使っても、恒星の化学組成を研究することなど決してできないだろう。……さまざまな恒星の真の平均温度に関して、少しでも何かを知ることは、われわれには永遠に不可能だとわたしは考える。（p. 16. 英訳は著者による）

このような引用を読むと、印刷物を世に問うなどということは怖くてできなくなってしまうかもしれない。

このほんの七年後の一八四二年、オーストリアの物理学者、クリスチャン・ドップラーが、のちに「ドップラー効果」と呼ばれるようになった説を提案した。これは、運動している物体が発する波の周波数が変化するという効果だ。運動する物体が、背後に残していく波を引きのばし（波の周波数を減少させ）、進路前方へ進んでいく波を圧縮して（周波数を増加させて）いる様子を思い描いてみてほしい。物体の動きが速くなればなるほど、光は前方ではますます圧縮され、背後ではますます引きのばされる。この速度と周波数の単純な関係には、深い意味がある。物体が発した波の周波数を知っているときに、測定した周波数がそれとは違う値だったなら、両者の違いは、その物体がどれだけの速度であなたに向かって、あるいは、あなたから遠ざかっているかを直接示しているのである。一八四二年の論文でドップラーは、未来を予見するかのようなこんな記述をしている。

> これ（ドップラー効果）がそれほど遠くない将来、これまでそのような測定や特定ができるとはまず期待できなかったような恒星に対して、その動きを決定するための手段として、天文学者たちに歓迎されるであろうことは、ほとんど確信を持って認められるであろう。（Schwippell 1992, pp. 46-54）

これは、音波にも、光波にも、そして実際、どんな源(みなもと)による波に対しても成り立つ（いつの日か自分の発見が、法の定めた制限速度を超えて車を運転する人々から罰金を徴収するために警官が振りかざす、マイクロ波を利用した「スピードガン」として使われるようになると知ったなら、ドップラーはさぞかし驚いたことだろう）。一八四五年までにドップラーは、平台型貨車に乗った演奏家たちに楽器で音を出してもらい、それを絶対音感を持った人々に聞いてもらって、列車が接近し、その後遠ざかるあいだに聞いた音がどのように変化したかを書きとめてもらうという実験を何度も行なっている。

一九世紀後半、天文学で分光器の使用が広まったことと写真という新しい科学が相俟って、天文学は天体物理学という学問分野として生まれ変わった。わたしの専門分野における傑出した研究出版物のひとつ、『アストロフィジカル・ジャーナル』は、一八九五年に創刊され、その後一九六二年まで、「分光学および天文学的物理学の国際的レビュー」という副題を掲げていた。今日なお、宇宙の観測について報告しているほとんどすべての論文が、スペクトルの解析を含むか、あるいは、他者が得た分光学的データに大きく影響されている。

ある対象物のスペクトルを得るには、スナップ写真を撮るよりもはるかに大量の光が必要であり、そのため、有効口径一〇メートルのハワイのケック望遠鏡など、世界最大級の望遠鏡が、スペクトルをとらえることを最大の任務としている。ようするに、スペクトルを解析する能力がなかったら、宇宙で何が起こっているのか、われわれはほとんど何も知ることができないということだ。

ここで、天体物理学を教える人々が教育者として直面する、最悪とも言える難事を紹介しよう。天体物理学の研究者たちは、宇宙に存在するものの構造、形成、進化についてのほとんどすべての知識をスペクトルの研究から導き出す。しかし、スペクトルの解析に至るまでには、研究対象そのものから出発して、数段階の推論を経る必要がある。複雑で、かなり抽象的な事柄を、より単純で、もっと明確な事柄に結びつける、類推や喩えを使うことは助けになる。生物学者はDNA分子の形を、はしごの両側の長い材が横木によってつながれているのと同じように二本のコイルがつなげられたものだと説明するかもしれない。わたしは、一本のコイルを思い描くことはできる。二本のコイルを思い描くこともできる。はしごの横木を思い浮かべることもできる。したがってわたしは、DNA分子の形を思い浮かべることができる。この説明の各部分は、分子そのものからは、一段階の推論によってしか離れていない。そして、これらの部分は、うまくかみあって、頭のなかに具体的なイメージをうまく作ってくれる。そうなれば、この分子の科学について、どんなに易しい話も、どんなに難しい話も、することができる。

　ところが、遠ざかっている恒星の速度をどのように特定するかを説明するには、互いに入れ子になった五段階の抽象化が必要だ。

第〇段階　恒星
第一段階　恒星の像
第二段階　恒星の像からの光
第三段階　恒星の像からの光のスペクトル
第四段階　恒星の像からの光のスペクトルに見られる線のパターン
第五段階　恒星の像からの光のスペクトルに見られる線のパターンの偏移（シフト）

第〇段階から第一段階への移行は、カメラで写真を撮るときにわれわれが毎回取っている、ささいなステップだ。だが、あなたの説明が第五段階に達するころには、聞き手は混乱しているか、あるいは、ぐっすり眠っているかのいずれかだ。だからこそ一般の人々は、宇宙に関する発見でスペクトルが果たす役割について、ほとんど聞くことがないのである。効率的に、もしくは、わかりやすく説明するには、対象物そのものからあまりにかけ離れているのだ。

自然史博物館、あるいは、実物を展示することが重要なあらゆる博物館で、展示の計画を立てる際には、岩、骨、道具、化石、記念品など、陳列ケースに並べる品物を集めるのが普通だ。これらのものはすべて、「第〇段階」の試料であり、それが何であるかを説明するのに、認識力を行使する必要は、ほんの少ししかないか、あるいはまったくない。ところが、天体物理学の展示のために恒星やクェーサーを陳列しようとしたなら、博物館が蒸発してしまうだろう。

したがって、天体物理学の展示はたいてい、右の第一段階のものとして計画され、画像の展示が中心となりがちだ。そんな展示画像には、たいへん感動的で美しいものもある。現在最も有名な望遠鏡、ハッブル宇宙望遠鏡が一般の人々に知られているのは、主にそれが取得した、宇宙の物体の美しい、高解像度のフルカラー画像を通してである。だが問題は、そのような展示物を見たあと、あなたは宇宙の美しさにロマンチックな気分になるかもしれないが、これらの物体がどのように存在し活動しているかに関して、以前より理解を深めたわけではまったくないということだ。ほんとうに宇宙を理解するためには、第三、第四、第五段階に踏み込まねばならない。ハッブル望遠鏡から優れた科学的知見が多数もたらされているのは事実だが、宇宙に関するわれわれの知識の基盤は、今もなお、スペクトルの解析からもたらされるものが主であり、美しい画像を見て得られるのではないといういうことを、あなたがメディアの報道から知ることは決してないだろう。わたしは人々に、第〇段階や第一段階の説明からだけではなくて、第五段階の説明を知ることによってもぜひ感動していただきたいと思う。それには、教わる側がもっと頭脳を使わねばならないのは明らかだが、教わる側だけではなく（そしておそらくとりわけ）、教える側にも同じ努力が必要である。

われわれの天の川銀河にある星雲の、可視光で撮影された美しいカラー写真を見ることと、その星雲が発する電波スペクトルから、その雲の層のなかには生まれたばかりのひじょうに高質量の恒星がたくさんあると知ることとは、まったく別だ。このようなガス雲は「星のゆりかご」であり、宇宙の光を再生しているのである。

高質量の恒星がときおり爆発していると知ることは大切だ。それはそのような写真を見ればわかる。しかし、これらの死にゆく恒星たちが発するX線や可視光のスペクトルは、銀河を豊かにし、地球上の生物の構成元素として直接追跡できる重元素が、そのなかに隠されていたことを明らかにしてくれる。われわれが恒星のあいだに生きているだけではなくて、恒星がわれわれのなかに生きているのである。

きれいな渦巻銀河のポスターを見るのはすばらしいことだ。だが、そのスペクトルのなかに見られるドップラー・シフトからその渦巻銀河は秒速二〇〇キロメートルで回転していることを知り、そこからニュートンの万有引力の法則を使って、一〇〇〇億個の恒星が存在していることを導き出すのは、それとはまったく別のことだ。余談ながら、宇宙の膨張のひとつの表れとして、この渦巻銀河は光速の一〇分の一の速度でわれわれから遠ざかっている。

太陽に近い光度と温度を持っている近くの恒星を見ることにはそれなりの意味がある。

しかし、恒星の動きに対して、ドップラー効果を用いた超高感度計測を行なうことによって、その恒星の周囲に惑星が回転していると推測することは、それとはまったく別の話だ。本書刊行時において、われわれの太陽系にある馴染み深い惑星のほかに、そのような惑星が二〇〇個は特定されていて、その数はどんどん増加している。

宇宙の果てにあるクエーサーからの光を観測することには大きな意味がある。だが、そのクエーサーのスペクトルを分析して、見えざる宇宙の構造を推定することは、それとはまったく異なる。クエーサーの光がわれわれに届くまでの経路に並んでいる、ガス雲やらなにやらの障害物が、特定の波長の光を吸収してしまい、まるでそんないろいろな障害物にかじられたかのように、スペクトルの随所に暗線ができているのである。

さいわい、われわれの仲間である電磁流体力学研究者たちにすれば、原子の構造は、磁場の影響のもとでは少ししか変化しない。このわずかな変化は、磁場の影響を受けた原子が示す、ほんの少し変化したスペクトルパターンとして表れる。

そして、アインシュタインの相対性理論によって修正したドップラー方程式を武器に、われわれは、近いものも遠いものも含め、無数の銀河のスペクトルから宇宙全体の膨張速度を導き出し、そうして宇宙の年齢と、この先の運命を推測するのである。

われわれは、海洋生物学者が海の底について知っているよりも、あるいは、地質学者が地球の中心について知っているよりも、宇宙について多くを知っているという、説得力ある主張をすることができる。何の力もなくただ星を眺めているだけの存在とはまったく異なり、分光学のツールと手法で完全武装した現代の天体物理学者たちのおかげで、われわれは、地球の地面にしっかりと足をつけたままの状態にありながら、ついに星に手を触れ（指を火傷（やけど）することもなく）、かつてなかったほど宇宙を知っていると宣言することが可能になったのである。

第16章　宇宙に開いた窓

第1部で触れたように、人間の眼は、体のさまざまな器官のなかでも特にすばらしいもののひとつだとよく言われる。焦点を近くや遠くに調節したり、広範囲の明るさに適応したり、色を区別したりする能力は、多くの人が、眼が持つ目を見張るような特徴の筆頭に挙げるものだ。しかし、われわれが見ることのできない光の帯域がたくさん存在することに注目するなら、人間は目が見えないも同然だと認めざるをえないだろう。では、人間の聴覚はどの程度のものだろう？　コウモリは、人間よりも桁違いに広い周波数帯の音を聞き取ることができ、その聴力をもって、きれいな円を描いてわれわれの周りを飛ぶことができる。そして、人間の嗅覚が犬と同じぐらい優れていたなら、犬のフィドではなくて、人間のフレッドが、空港の税関で密輸品を嗅ぎ分けているだろう。

人間による発見の歴史を見れば、持って生まれた感覚能力を、元々の限界を超えて伸ばしたいという人間の欲求がいかに果てしないかがよくわかる。一九六〇年代、ソビエトとNASAによる月や惑星を目標とする初期の探査機に始まって、やがて、ロボットと呼んでまったく差し支えない、コンピュータ制御の宇宙探査装置が宇宙探査の標準ツールとなった（そして、現在もなおそうである）。宇宙におけるロボットは宇宙飛行士に比べて、次のような点ではっきりと有利である。打ち上げ費用が安い。かさばる与圧服（訳注　真空に近い宇宙で船外活動をするときの宇宙服で、服内の圧力が三分の一気圧程度になっている）なしに、極めて精度の高い実験が行なえるように設計できる。そして、いかなる伝統的な意味においても、「生きて」はいないので、宇宙で事故に遭って死ぬことなどありえない。しかし、コンピュータが人間の好奇心とひらめきをシミュレートできるようになり、そして、コンピュータが情報をまとめあげ、思いがけない発見が彼らの眼前にあるときにそれに気づける、あるいは、望むらくはそれが眼前にないうちにそうできるようになるまでは、ロボットはわれわれが「こんなものを発見したい」と期待しているものごとを発見するのを目的として設計されるツールに留まるであろう。いかんせん、自然に関する深い問いは、まだ問われていないもののなかに潜んでいる可能性が高いのだ。

われわれのお粗末な感覚のうち、最も大幅に改善されたのは、電磁スペクトルと総称されているもののなかで、目に見える帯域から見えない帯域にまで拡張された、視覚である。

一九世紀末、ドイツの物理学者、ハインリヒ・ヘルツは、それまで無関係な別々の放射形態と見なされていたものを概念的に統合するうえで大きな貢献をした。電波、赤外線、可視光線、そして紫外線はすべて、光の一族のいとこどうしであり、ただエネルギーが異なるだけであることが明らかになった。ヘルツの研究のあとで発見された部分を引っくるめて、スペクトルの全体は、われわれが電波と呼ぶ低エネルギー領域から、マイクロ波、赤外線、可視光線（赤、橙、黄、緑、青、藍、紫の、「虹の七色」からなる）、紫外線、X線、そして最も高エネルギーのガンマ線までにいたる。

X線モードの視覚を持っているスーパーマンは、その点に関しては、現代の科学者に比べて特に有利というわけではない。たしかにスーパーマンは平均的な天体物理学者よりもやや大きな力を持っているかもしれないが、今や天体物理学者たちは、電磁スペクトルの主な領域はすべて「見る」ことができる。この拡張された視覚がなかったなら、われわれは目が見えないだけではなく、無知にもなってしまう——天体物理学的現象の多くは、ある特定の周波数の光によってしか姿を現さず、それ以外の周波数の光ではまったく検知できない。喩えていえば、それらの現象は、特定の「窓」を通してしか見えず、別の「窓」から覗いても、ちっとも見えないのである。

したがって、天体物理学者たちは、それぞれの「窓」を選んで、そこから宇宙を覗く。

手始めは電波だが、電波で宇宙を見るには、人間の網膜とはまったく異なる検出器が必要となる。

一九三二年、当時ベル研究所に勤務していたカール・ジャンスキーは、電波アンテナを使って、地球以外のどこかから発されたラジオ信号を初めて「見た」。これによって、彼は天の川銀河の中心を発見したのであった。天の川の中心からの電波信号は十分な強度があり、人間の眼が電波のみを感知できるとしたら、天の川銀河の中心は空で最も明るい光源となるほどである。

うまく設計した電子機器を使えば、特に音に変換できるよう符号化された電波を送信することができる。この巧妙な機械は「ラジオ」と呼ばれるようになった（訳注　電波は英語でradio wave）。したがって、われわれは視覚を拡張したことによって、実質的に聴覚も拡張するにいたったというわけである。とはいえ、どんな電波の源（みなもと）も、あるいは、事実上あらゆる形のエネルギーの源すべてが、スピーカーの振動部（コーン）を振動させるように導いてやれるのだが、報道関係者たちは、この単純な事実を誤解していることがよくある。たとえば、土星から電波が発生しているのが発見されたとき、天文学者たちはごく当然のこととして、スピーカーが備わった電波受信機をつないだ。そうして得られた電波信号は、そのあと耳で聞ける音に変換されたのだが、これを聞いたあるリポーターは、土星から「音」が届いており、土星に住む生命体がわれわれに何か告げようとしているのだと報道したのだった。

カール・ジャンスキーが使えたものよりはるかに高感度で洗練された電波検出器を使い、今やわれわれは天の川銀河のみならず、宇宙全体を探索することができる。われわれがかつて「百聞は一見にしかず」という偏見を持っていたことの証拠として、宇宙で電波源が発見されるようになった初期は、従来の望遠鏡による観察で確認されるまで、そのような信号源には価値が認められなかった。さいわい、たいていの種類の電波放射天体は、ある程度可視光線も放射しているので、「盲信」が必要になることはそうしょっちゅうはなかった。やがて、電波望遠鏡は、既知の宇宙に存在する最も遠い天体に分類される、今なお謎に満ちたクエーサー（quasi-stellar radio source〔準恒星状電波源〕のおおざっぱな略語）をはじめ、じつに多様な価値ある発見をもたらすようになった。

ガスに富む銀河は、それが抱（かか）えている大量の水素（宇宙のすべての原子の九〇パーセント以上が水素である）から電波を発生する。電子的に接続された何台もの電波望遠鏡によって、ある銀河のガス成分について、高解像度の画像を作り出すことができる。そこには、ねじれ、塊（かたまり）、穴、繊維状の部分など、水素ガスがなす複雑な形状が現れている。さまざまな銀河の形状を捉える作業は、一五世紀から一六世紀にかけて地図製作者たちが取り組んでいた仕事と、多くの点でまったく変わらないと言える。彼らが作成した大陸の図は、歪（ゆが）んでいたとはいえ、肉体によって直接知ることのできる範囲を超えて世界を記述しようとする、尊い人間の挑戦を体現していたのである。

人間の眼がマイクロ波を感じることができたなら、あなたはスペクトルのこの、マイクロ波という「窓」を通して、茂みに潜んだハイウェイ・パトロールの警官が持っているスピードガンから、電磁波が放射されるのを見ることができる。そして、マイクロ波を発している電話中継局の塔は光り輝いて見えるだろう。しかし、あなたのお宅にある電子レンジの中は、今と見え方は別段変わらないはずだ。というのも、レンジの扉に埋め込まれている金属の網が、マイクロ波が外に漏れないように、反射して内側へと戻してしまうからだ。おかげで、中を覗いているあなたの眼球の硝子体液は、あなたの食べ物と同時に調理されないよう守られているのである。

マイクロ波望遠鏡が積極的に使われるようになったのは、一九六〇年代後半になってからのことだった。マイクロ波望遠鏡を使えば、やがては凝集(ぎょうしゅう)して恒星や惑星になる、低温、低密度の星間ガスのなかを覗くことができる。これらの雲に含まれる重い元素は、集合して複雑な分子を形成する傾向があるが、これらの分子がスペクトルのマイクロ波領域に残す痕跡はすぐにそれと同定することができる。というのも、同じ分子が地球にも存在しているからだ。

宇宙に存在する分子のなかには、一般家庭でもおなじみのものもある。

NH_3（アンモニア）
H_2O（水）

がその例だ。一方、極めて有害なものもある。

CO（一酸化炭素）
HCN（シアン化水素）

などがそうだ。病院を連想させる、次のようなものもある。

H_2CO（ホルムアルデヒド）
C_2H_5OH（エチルアルコール）

そして、何も連想させない、以下のような分子もある。

N_2H^+（ジアジリニウム・イオン）

CHC_3CN（シアノジアセチレン）

一三〇種類近い分子が知られているが、そのなかにはタンパク質の、したがってわれわれが知っているものとしての生物の構成要素である、グリセリンも含まれる。

マイクロ波望遠鏡は、文句なしに、天体物理学で最も重要な発見をもたらしたといえる。宇宙が誕生した際のビッグバンで生じた熱の名残は、今では絶対温度で約三度にまで冷却している（第3部の最後で詳細に説明するが、絶対温度目盛は、極めて合理的に、ありうる最も低い温度を零度としており、したがって、負の温度は存在しない。絶対零度は、華氏目盛では約マイナス四六〇度〔摂氏マイナス二七三・一五度〕。また、絶対温度三一〇度が室温に相当する）。一九六五年、このビッグバンの名残が、ベル研究所でアーノ・ペンジアスとロバート・ウィルソンという二人の物理学者が行なった観測で思いがけなく発見され、二人はこの功績によってのちにノーベル賞を受賞した。ビッグバンの名残は、宇宙のすべてを満たし、あらゆる方向に均等な、マイクロ波を主成分とする光の海として姿を見せているのである。

この発見は、いわば究極の「思わぬ幸運な発見（セレンディピティー）」と言えるだろう。ペンジアスとウィルソンはそもそも、マイクロ波による通信を妨害している電波の、地球のどこかにあるであろう発信源を探すという地味な仕事に取りかかったのだったが、結局宇宙の起源に関するビッグバン理論の証拠を見つけたのだ。これは、雑魚を釣ろうとしていて、シロナガスクジラが竿にかかったようなものだろう。

電磁スペクトルをさらに移動していくと、赤外線にいたる。やはり人間には見えないが、これに一番親しんでいるのはファストフードが大好きな人々だろう。というのも、彼らが手にするフライドポテトは、購入されるまで何時間も赤外線ランプで保温されているからだ。赤外線保温ランプは可視光線も放射するが、一番活躍している成分は、食べ物がどんどん吸収する、目には見えない大量の赤外線光子である。人間の網膜が赤外線を感じることができたなら、夜、明かりを全部消した一般家庭の場景には、家庭用アイロン（スイッチが入っている場合）、ガスこんろの点火用バーナーを囲む金属板、給湯用配管、そして、その場にやってきた人間の露出した皮膚など、室温よりも高い温度を維持しているすべての物体が見えているはずだ。この映像が、あなたが可視光線で見る映像と比べて別段啓発的であるわけでないのははっきりしているが、冬場に窓や屋根にどこか熱が漏れているところがないかを見るのに使うなど、ひとつ二つ、このような赤外線映像の有効な活用法を思いつくことができるだろう。

子どものころわたしは、夜、明かりを消したあと、赤外線映像で寝室のクローゼットに潜んでいる怪物が見つかるのは、それが温血である場合だけだということを知っていた。

だが、誰もが知っているように、寝室の怪物といえば普通は爬虫類で、連中は冷血動物だ。したがって、赤外線映像は、壁やドアとまったく区別がつかない寝室の怪物を見つけそこなってしまうのである。

宇宙では、この赤外線という窓は、星のゆりかご（新しい恒星が誕生する領域）を含んでいる高密度の雲を見つける手段としてひじょうに有効である。新たに形成された恒星は、使い残りのガスや塵に覆われていることが多い。これらの雲は、その内部にくるまれている恒星が放出する可視光線の大部分を吸収してしまい、それを赤外線として再放出するので、われわれが普段用いている可視光線という窓はほとんど役に立たない。可視光線は星間空間にある塵の雲にかなりの程度吸収されてしまうが、赤外線はほんのわずかに弱まるだけで星間空間を進むので、銀河系の銀河面（訳注　地球から見たときに、銀河系内の天体の密度が最も高くなる平面）での研究にとりわけ有用である。なぜなら、この平面内では、銀河系の恒星から発せられる可視光線が最も著しく弱められるからだ。人工衛星から送られてきた、地球表面の赤外線写真には、たとえばイギリス諸島（アメリカのメイン州全体よりもさらに緯度が高い）の周りをぐるりと流れて、それが一大スキー・リゾートとならないようにしている北大西洋海流など、海を流れる暖流の経路が特にはっきりと表れている。

表面温度が絶対温度で約六〇〇〇度の太陽によって放射されるエネルギーは、大量の赤外線を含むが、スペクトルの可視光線の部分にピークがあり、人間の網膜の感度もこの部分で最高である。だからこそ、われわれの視覚は日中にこれほど有用なのである。たとえあなたがこの事実に今まで一度たりと思い至らなかったとしても、そうなのだ。太陽光のピークと人間の網膜の感度特性がこのように一致していなかったならわれわれは、自分たちの網膜感度はかなりの部分が無駄になっていると当然不平を言っていたところだ。われわれは普段、可視光線が透過性を持っているとは考えていないが、可視光線はほとんど妨げられることなくガラスや空気を通過しているのである。しかし紫外線は、普通のガラスに即座に吸収されてしまう。このため、われわれの眼が紫外線だけを感じるなら、ガラス窓はレンガの窓とそう変わらないことになる。

太陽の三、四倍以上も高温の恒星は、とほうもない量の紫外線を生み出している。さいわい、これらの恒星はスペクトルの可視光部分でも明るいので、紫外線望遠鏡の有無とは関係なく発見されてきた。地球大気のオゾン層は、紫外線、X線、ガンマ線の大部分を吸収するので、これら最も高温の恒星に関する詳細な分析は、地球周回軌道以上の高さで行なうのが最も望ましい。したがって、紫外線からガンマ線にいたる、スペクトルの高エネルギー領域の窓を通しての研究は、天体物理学のなかでも比較的新しい分野である。

拡張された視覚の新世紀の到来を告げるかのように、最初のノーベル物理学賞は一九〇一年、X線を発見した功績によって、ドイツの物理学者ヴィルヘルム・C・レントゲンに与えられた。宇宙の紫外線とX線は、最も風変わりな天体、ブラックホールのありかを示してくれる可能性がある。ブラックホールは光を一切放出しない――引力があまりに強く、光さえもそこから逃れることはできない――ので、ブラックホールの存在は、その伴星(ばんせい)からブラックホールの表面にらせんを描きながら落ちていく物質が放射するエネルギーを元に推測するほかない。この様子は、渦を巻いて便器を流れ落ちていく水とたいへんよく似ている。ブラックホールに落ちる寸前の物質は、太陽表面の二〇倍の温度で、それが放射するエネルギーは、主に紫外線とX線の形を取る。

あるものを発見する前にせよ後にせよ、それを発見するために、そのものを理解している必要はまったくない。マイクロ波背景放射が発見されたときもそうだったし、目下進行中の、ガンマ線バーストの発見もやはりそうだ。このあと第5部で説明するが、ガンマ線という窓を通して、高エネルギーガンマ線の得体の知れぬ爆発が天空のいたるところで起こっていることが明らかになった。これらのバースト現象は、人工衛星に搭載されたガンマ線望遠鏡によって発見が可能になったのだが、今もってその源や原因は不明である（訳注 最近では、巨大な超新星の進化の最後などに発生することが突き止められている）。

視覚という概念を、素粒子の検出にまで拡張するなら、ニュートリノという手段も使えることになる。第2部ですでに見たように、謎めいた粒子、ニュートリノは、一個の陽子が通常の中性子一個と、電子の反粒子である陽電子に変化するときに必ず生じる素粒子である。このプロセスは、聞いても何だかよくわからないかもしれないが、太陽のコアでは毎秒一〇〇澗（かん）（10^{38}）回も起こっている。こうして発生したニュートリノは、まるでそんなところにはぜんぜんいなかったかのように、そのまま太陽から抜け出してしまう。「ニュートリノ望遠鏡」があったなら、電磁スペクトルのどの帯域をもってしても見ることはできない、太陽のコアがじかに観察でき、そこで熱核融合が起こっている様子が明らかになることだろう。しかし、ニュートリノは、物質とはほとんど相互作用をしないので、捉えるのは極めて難しく、効率よく効果的なニュートリノ望遠鏡を作ることは、不可能ではないにしても、遠い夢である。

宇宙を覗き込むもうひとつの謎めいた窓、重力波が検出できたなら、宇宙のあちこちで起こっている大破局が見物できるようになるだろう。しかし、これを執筆している時点で、一九一六年に発表されたアインシュタインの一般相対性理論において、時空のなかを伝わるさざなみとして予言された重力波は、どのような源からもまだ検出されていない（訳注　二〇一五年九月、アメリカのチームが、ワシントン州とルイジアナ州に置かれた二基のマイケルソン干渉計からなる測定装置LIGOを使って重力波を検出し、二〇一六年二月に発表した）。カリフォルニア工科大学の物理学者たちは、L字型のパイプの内側を真空に引いたものに、長さ四キロメートルのアームをつけた、特殊な重力波検出器を開発中だ。重力波が通過するとき、一時的に一方のアームの光路長が、もう一方のアームに対して、ほんの少しだけ変化すると予想される。この実験は、レーザー干渉計型重力波観測（Laser Interferometer Gravitational-Wave Observatory）、ＬＩＧＯと呼ばれており、一億光年以上離れたところで衝突している恒星が発する重力波を検出するに十分な感度が実現できるとされている。宇宙で起こっている重力波の発生を伴う出来事――衝突、爆発、恒星の崩壊など――を、この方法によってごく当たり前に観察できるようになる日のことが頭に思い浮かぶ。もしかしたら、いつの日かこの窓を大きく開いて、マイクロ波背景放射という壁を通して、その向こうにある、時間そのものの始まりを見ることができるかもしれない。

第17章　宇宙の色

地球の夜空に見える天体で、われわれの網膜にある、色を感じる錐体（すいたい）を働かせるに十分明るいものは、ほんのわずかしかない。赤い惑星、火星はそのひとつだ。青い超巨星、リゲル（オリオンの右の膝頭）や、赤い超巨星、ベテルギウス（オリオンの左の腋）もそうだ。だが、これらの目立つ星を除けば、見つかるものはあまりない。裸眼にとっては、宇宙は暗く色のない世界だ。

大型望遠鏡を向けないかぎり、宇宙はその本当の色を見せてくれない。恒星のように自ら発光する天体は、基本的に赤、白、青の三色である——アメリカ合衆国建国の父たちが知ったら、大喜びしただろう。星間ガス雲は、どのような化学元素が含まれているか、そして、どのように写真撮影するかによって、ほとんどどんな色にもなるが、恒星の色は、その表面温度で直接決まる。低温の恒星は赤い。中程度の温度の恒星は白い。高温の恒星は青い。ひじょうに高温の恒星も青い。では、とほうもなく高温の場所、たとえば、一五〇〇万度もある太陽の中心はどうだろう？　やはり青い。天体物理学者にとって、「レッドホット（赤熱の）」という英語で形容できるほどあつあつの食べ物やカップルは、まだまだ熱くなる余地がある。ことはこのように、ごくごく単純なのだ。

だが、本当にそんなに単純だろうか？

天体物理学の法則と人間の生理機能が相俟って、緑の恒星というものは決して存在しない。では、黄色い恒星はどうだろう？　何冊かの天文学の教科書、多くのＳＦ小説、そして道を歩いているほとんどすべての人々が、「太陽は黄色だ」という説を支持している。しかし、プロの写真家たちは、太陽は青いと断言するだろう。「デーライト」フィルムは、光源（おそらくは太陽）は青が強いという仮定のもとにカラーバランス調整されている。昔のブルードットのフラッシュキューブ（訳注　写真撮影用照明に使う電球を四個立方体に組み合わせたもの。四回の撮影に使える）は、室内でデーライト・フィルムを使って写真撮影する際に太陽の青い光を真似ようとする試みのひとつだった。だが、屋根裏部屋をアトリエにしている画家たちは、太陽は純粋な白で、選んだ絵の具の色を最も正しく見せてくれると主張するだろう。

日の出や日没の際に、埃が多い地平線に近づいたとき、太陽が黄橙色に見えるのは間違いない。しかし、大気による散乱が最も少ない真昼には、太陽が黄色いとは感じないだろう。実際、ほんとうに黄色い光源のもとでは、白いものは黄色く見える。したがって、太陽が純粋に黄色ければ、雪も黄色く見えるはずだ——たとえ、消火栓のあたりで犬に黄色い色をつけられたのでなくとも。

天体物理学者にとっては、絶対温度一〇〇〇度から四〇〇〇度の表面温度を持っており、総じて「赤い」と表現されるのが「冷たい」物体だ。だが、ワット数の高い白熱電球は、絶対温度三〇〇〇度を超えることはめったにないのに（タングステンは絶対温度三六八〇度で融解する）、たいへん白く見える。約一〇〇〇度を下回ると、物体はスペクトルの可視光の範囲で急激に光度が落ちる。このような温度の天体は、恒星としては落ちこぼれである。これらの恒星は、褐色ではないし、可視光線はほとんど発しないにもかかわらず、われわれはこのような星を褐色矮星（わいせい）と呼んでいる。

天体の色という話題のついでに触れておくが、ブラックホールはほんとうに黒いわけではない。じつのところ、ブラックホールは、事象の地平線の端から微量の光を放出しながら、ごくゆっくりと蒸発しているのである。これは、物理学者スティーヴン・ホーキングが最初に提唱したプロセスである。ブラックホールは、質量に応じて任意の形の光を放射する。小さいブラックホールほど急速に蒸発し、高エネルギーのガンマ線と可視光線を急激に放出して、その命を終える。

テレビ、雑誌、書籍などで示されている最新の科学関連画像は、擬似カラーを使っていることが多い。テレビに登場する気象予報士たちは、ある色で大雨を表し、それほど激しくない雨は別の色で表すなど、すでに擬似カラー表示を使い放題使っている。天体物理学者が天体の画像を作るときは、画像が持つ明るさの範囲に対して、恣意的な色列を対応させるのが普通だ。最も明るい部分が赤で、最も暗い部分が青となるかもしれない。したがって、あなたが目にする色は、天体の実際の色とは何の関係もない。気象学におけると同じように、これらの画像のなかには、物体の化学組成や温度など、その他の属性に関係した色列を持っているものもある。そして、渦巻銀河の、こちらに向かっている部分は青色、遠ざかっている部分は赤と、その回転によって色分けした画像を目にすることも珍しくない。この場合、割り当てられた色は、広く知られている赤方、青方のドップラー偏移に対応して、その銀河の動きを示している。

有名な宇宙マイクロ波背景放射の分布図には、あちらこちらに平均よりも高温になっている部分がある。そして、はたせるかな、平均よりも低温の部分もある。その温度幅は、約一〇万分の一度である。これをどのように表示すればいいだろう？　高温の部分を青に、低温の部分を赤にするか、あるいはその逆にして表示すればいい。いずれの場合も、極めて小さな温度変化が、はっきりと図に表れる。

赤外線や電波など、目には見えない光を使って撮影された天体のフルカラー画像が公開されることがある。このような場合はたいてい、撮影に使われた帯域の異なる三つの領域に、三つの色――普通は、赤、緑、青（あるいは、略して「RGB」）――を割り当てている。こうすることによって、本来見えないはずのスペクトルの範囲で色を見る能力をわれわれがまるで生まれつき持っていたかのように、フルカラーの画像が構築できるのである。

ここでの話で得られる教訓は、日常の言い回しに使われているごく普通の色が、科学者には一般の人々とはまったく別のことを意味する、というものだ。天体物理学者たちが、これについてははっきり話そうと決めたものに対しては、画像を作成する人の好みや、人間の色の認識というやっかいな問題を避けて、ある物体が放出したり反射したりする色を厳密に定量化することができる、ツールと方法がわれわれにはある。だがこれらの方法は、一般の人々にはわかりにくい。これらの方法では、ある物体によって放出される放射流束を、検出器の感度特性に応じて補正した、厳密に定義された系において、多重フィルターを通して測定したものとして対数比で表示するのである（ほらね、一般の人々にはわかりにくいと言ったでしょう）。たとえば、この比が減少すれば、その物体は、何色に見えていようとも、専門的に言えば青くなるわけだ。

人間が色を識別するときの不確かさは、アメリカの裕福な天文学者で、火星に憑かれた男、パーシヴァル・ローウェルに多大な犠牲を強いることになった。一九世紀末から二〇世紀初頭にかけて、彼は火星の表面の極めて詳細な絵を描いた。このような観察を行なうには、火星からの光が眼に到達するあいだに不鮮明になるのを極力避けるために、常に空気が乾燥していることが必要だ。一八九四年ローウェルは、アリゾナ州マースヒルの頂上の乾燥した空気のなかに、ローウェル天文台を設立した。鉄分が多く、錆びた火星の表面は、どのような倍率でも赤く見えるが、ローウェルは、彼が運河——極地の氷冠からの貴重な水を、都市や村落や、その周囲にある農地に分配しようと必死だった、本物の生きた火星人たちが建設したらしき、人工的な水路——だと記述し、そのように描いたものが交差するところに、多数の緑色の斑点も記録した。

ここでは、ローウェルが火星人の生活を覗き見していたかどうかは問わないことにしたい。それより、彼の運河と、植物らしい緑色の区画に注目しよう。ローウェルは知らず知らずのうちに、よく知られている二種類の目の錯覚を起こしていたのである。はじめのものは、脳はほとんどすべての状況において、秩序などまったく存在しないところに、視覚的な秩序を作り出そうとすることから生じる錯覚だ。空の星座がその最たるものだろう——想像力に富んだ、寝ぼけた人々が、恒星のでたらめな配列のなかに秩序を見出した結果である。これと同様に、ローウェルの脳は、火星の表面と大気のなんの意味もない形状を、大規模なパターンと解釈したのだった。

二つめの錯覚は、黄赤色の隣にある灰色は、青緑に見えるという現象で、これは一八三九年に、フランスの化学者、M・E・シュヴルールによって初めて指摘された。火星の表面はくすんだ赤色をしており、そのところどころに灰褐色の部分がある。青緑の部分があるように見えるのは、黄赤色によって囲まれた無彩色の領域は、眼には青みがかった緑色に見えるという、生理学的効果による。

もうひとつ、奇妙だがそれほどやっかいではない視覚にまつわる生理学的効果として、あなたの脳は、あなたがそのなかにいる照明環境に即したカラーバランスを取る傾向がある。たとえば、熱帯雨林の林冠の下では、密林の地面に届くほとんどすべての光に緑色のフィルターがかかっている(木の葉の層を通ってきたためだ)ため、乳白色の紙は緑色に見えるはずだ。だが、そうではない。あなたの脳は、照明条件にかかわらず、紙は白く見えるように調整してしまうのである。

もっと一般的な例をあげれば、夜、あるお宅の窓辺を通りかかったとき、中にいる人々がテレビを見ているとしよう。その部屋の明かりがテレビだけなら、部屋の壁は柔らかい青色に光るはずだ。だが、テレビの光に浸っている人の脳は、壁の色についてさかんにカラーバランスを施し、壁にそんな変色が起こっているとはまったく感じない。このような生理学的補正のおかげで、われわれが火星に作る最初の入植地に住む人々は、景色を支配している赤色を意識せずにすむだろう。じつのところ、一九七六年にバイキング一号のランダーが初めて地球に送ってきた画像は、元々青白い色だったのに、マスコミの期待にそうよう、意図的に深い赤色に着色されたのだった。

二〇世紀中ごろ、カリフォルニア州サンディエゴを少しはずれたところにある場所から、夜空が系統的に撮影された。大きな影響力を持つこのデータベースは、パロマー天文台スカイ・サーベイと呼ばれており、その後まるまる一世代にわたって行なわれた、天の各エリアに絞った一連の追跡観測の基盤となった。この観測に携わった人々は、二種類の白黒コダックフィルム——ひとつは、青色光に超高感度、もうひとつは、赤色光に超高感度——を使い、同一の露出のもとで、二度にわたって空を撮影した（じつのところ、コダック・コーポレーションは、天文学者たちが行なう最先端の写真撮影のためにひとつの部署すべてをあてた。つまり、天文学者全体のニーズが、コダックの研究開発を極限まで推しすめるのに役立ったわけだ）。もしも何かの天体に興味をそそられたなら、その天体が放射する光がどのようなものか知るのに、まず手始めに赤と青でそれぞれ感度を最も高めた画像を撮影するといい。たとえば、極端に赤い天体は赤の画像で明るく写るが、青の画像ではほとんど見えない。このような画像を元に、次の観測計画でどの天体を目標にするかを決定することができたのである。

最大の地上設置望遠鏡に比べればそれほど大きいとはいえないが、直径二・四メートルの主鏡を持つハッブル宇宙望遠鏡は、見事な宇宙のカラー画像を撮影しつづけている。このうち最も印象的なのは、ハッブル・ヘリテージ・プロジェクトで撮られた一連の画像だ。これらのおかげで、ハッブル望遠鏡の遺(のこ)すものは、人々の心のなかに永遠に生きつづけるだろう。天体物理学者たちがどのようにしてカラー画像を撮影するかを聞いたなら、たいていの人はびっくりするのではなかろうか。第一に、われわれは、家庭用ビデオカメラで使われているのと同じデジタルCCD技術を使う。ただし、われわれはみなさんが使いはじめる一〇年前からこれを使っており、しかも、われわれの検出器は格段に高品質である。第二に、われわれはCCDに入射する前の光を、数十種類あるフィルターのいずれかひとつに通す。通常のカラー写真一枚を撮影するのに、われわれは、それぞれ、赤、緑、青の広帯域フィルターを通した対象物の画像を、三枚連続で撮る。これらの広帯域フィルターには色に特化した名前が付けてあるが、三つ組み合わせると、可視光のスペクトル全域を捉えることができる。次に、われわれはこの三枚の画像を、人間の脳のウェットウェアが網膜の赤、緑、青の錐体からの信号を組み合わせるのと同じ方法で、ソフトウェアを使って組み合わせる。こうして、あなたの眼球の虹彩が直径二・四メートルだったとしたら見えるであろうものにひじょうに近いカラー画像を作り出すことができるのである。

だが、その天体に存在する原子や分子の量子力学的性質のせいで、特定の波長で強い光を放射しているとしたらどうだろう？　それが前もってわかっており、これらの放射にあわせたフィルターを使えば、広帯域RGBを使う場合とは違って、画像の感度をこれらの波長にだけ選択的にあわせることができる。その結果どんな画像が撮れるのだろう？　得られた画像を見れば、鮮明な形状が目に飛び込んできて、別の画像では気づかなかったであろう構造や表面の詳細がはっきりつかめる。このいい例は、われわれの宇宙の裏庭ともいうべき身近なところにある。告白するが、じつはわたしは、木星の大赤斑を実際に望遠鏡で見たことはない。ときどきやけに淡く写ったりすることがあるので、大赤斑を見るには、木星のガス雲のなかにある分子からやってくる赤い波長の光を分離するフィルターを通して写真撮影するのが一番なのである。

銀河のなかで、酸素が星間媒体の希薄なガスのなか、恒星形成領域の近くで見つかるとき、その酸素は純粋な緑色の光を放射する（これが先に触れた謎の元素、「ネブリウム」である）。この光にあわせたフィルターを使えば、場景のなかに存在している可能性があるほかの緑の周辺光が混ざることなく、酸素だけに由来する緑の光が検出器に入るようにできる。ハッブル望遠鏡が捉えた画像の多くに見られる鮮やかな緑は、酸素が夜間に放射する光から直接得られたものだ。別の原子や分子にあわせたフィルターを使えば、宇宙を特定の化学物質の有無で探った結果がカラー画像として得られる。ハッブル望遠鏡はこのような画像をひじょうに巧みに撮影することができるので、ハッブルによる名高い一連のカラー画像は、人間の眼の色応答をまねようとして撮影された同じ天体の古典的なＲＧＢ画像とは似ても似つかぬものとなっている。

これらのハッブル画像は、「真の」色を示しているのかという問題を巡る論議がかまびすしい。ひとつ確実に言えることがある。これらの画像は「偽りの」色は含んでいない。これらの色は、実際の天体や実際の現象によって放射されている色だ。純粋主義者たちは、人間の眼で捉えられるような色で宇宙の画像を示していないという点で、われわれが人々に不利益をもたらしていると主張する。しかしわたしは、もしもあなたの網膜が狭帯域の光にあわせられるなら、あなたはハッブルが見ているのと同じ画像を目にするはずだと断言したい。さらに、わたしがこの文章で使っている「もしも」という言葉は、「もしもあなたの眼が大型望遠鏡と同じサイズだったら」という文章の「もしも」以上に強い仮定を意味してはいない。

最後に、「宇宙のなかで光を放射しているすべての物体の、可視光部分をあわせたなら、何色になるだろう？」という疑問が残っている。もっとわかりやすい表現をすれば、「宇宙は何色だろう？」という問いだ。ありがたいことに、何をおいてもこの問題に取り組みたいという奇特な人たちが、この答えを実際に計算してくれている。ジョンズ・ホプキンズ大学のカール・グレーズブルックとアイヴァン・ボールドリーは、一旦（いったん）、宇宙は中程度の濃さのアクアマリンと薄いターコイズブルーの中間の色だと報告したが、その後計算をやりなおして、宇宙のほんとうの色は、明るいベージュ、あるいは、宇宙のカフェ・ラテ、「コズミック・ラテ」色であると発表した。グレーズブルックとボールドリーは、宇宙の平均的な姿であると考えられるような、十分広大な領域に存在している二〇万個以上の銀河からの可視光を調べることによって、宇宙の色に関するこの意外な事実に到達したのであった。

一九世紀イギリスの天文学者、サー・ジョン・ハーシェルは、青写真法を発明した。それ以来、天体物理学者たちはカラー写真の技法をあれこれいじくりまわしており、それは一般の人々をしばしば混乱させているが、ときには人々を喜ばせることもある。そして、天体物理学者たちは、今後もそうしつづけるであろう。

第18章　宇宙プラズマ

医者と天体物理学者の使っている語彙が重なることはごく稀にしかない。人間の頭蓋骨には「オービット（眼窩）」が二つあるが、このオービットは、天体の軌道と同じ単語ではあっても、眼球が収まる二つの丸い窪みのことである。「太陽」神経叢は、あなたの腹部、胃の前あたりにある、神経繊維が網目状の複雑な形態を作っている部分だ。そしてもちろん、われわれの眼はそれぞれ「レンズ（水晶体）」を持っている。だが、われわれの体にはクエーサーもなければ、銀河もない。オービットやレンズの場合、医学での使われ方と天体物理学での使われ方はそこそこよく似ている。ところが、「プラズマ」という言葉は、両方の分野で共通に使われてはいるものの、それぞれの意味は、共通するところなど一切ない。ブラッド・プラズマ（血漿）は、輸液すればあなたの命を救うことができるが、天体物理学で登場する、一〇〇万度で光り輝くプラズマの塊にほんの短い時間でも接触したなら、あなたがついさっきまで立っていた場所には一筋の煙が立ち昇っているだけ、ということになるだろう。

天体物理学のプラズマは、いたるところに存在するという点が際立っているのだが、初歩的な教科書や一般向けの書物ではめったに触れられていない。ポピュラー・サイエンスの本では、プラズマは、馴染み深い固体、液体、気体のいずれともまったく異なる一連の性質を持っていることから、物質の第四の状態と呼ばれることが多い。プラズマでは、気体と同じように、原子や分子が自由に動きまわっているが、プラズマは電気を伝達でき、また、その内部を通過する磁場に沿って動くこともできる。プラズマの内部にあるほとんどの原子は、なんらかのメカニズムで外殻電子のほぼすべてを奪い取られた状態にある。しかも、高温かつ低密度なので、電子が元々属していた原子と再結合することはごく稀にしかない。（負に帯電した）電子の総数と、（正に帯電した）陽子の総数が等しいので、プラズマは全体としては電気的に中性のままである。しかし内部は、電流と磁場で沸きかえっており、そのため、われわれの誰もが高校の化学の時間に習った理想気体のように振舞ったりすることは絶対にない。

物体に対する電場や磁場の影響は、ほとんど常に、重力の影響をはるかに上回る。一個の陽子と一個の電子のあいだに働く電気的な引力は、両者が重力で引き付けあう力の一〇の四〇乗倍強い。電磁力はひじょうに強いので、子どものおもちゃの磁石一個が、地球の並々ならぬ引力に逆らって、ペーパークリップを一本、テーブルの上から持ち上げることができるほどだ。もっと面白い例をお望みだろうか？　スペースシャトルの船首一立方ミリメートルに存在するすべての原子から電子を全部剝ぎ取って、その電子をすべて打ち上げ台の土台に固定したなら、シャトルと打ち上げ台のあいだに働く電気的引力のために、シャトルは打ち上げられなくなってしまうだろう。すべてのエンジンに点火しても、シャトルは身じろぎもしないはずだ。そして、アポロ宇宙船の乗組員たちが、指貫(ゆびぬき)一個分の月の土からすべての電子を地球に持ち帰ったなら（その電子を奪った原子はすべて月に残したままで）、両者が引き付けあう力は、地球と、その周囲の軌道上にある月とのあいだに働く重力による引力を上回るだろう。

地球上で見られるプラズマで最も目立つものは、火、雷、流れ星の尾、そしてもちろん、あなたがウールのソックスでリビングルームのじゅうたんの上を足を引きずりながら歩きまわったあとにドアノブに触れたときにビリッとくる、あの電気ショックだ。放電とは、一カ所にあまりにたくさん集まってしまった電子が、突然空気中を移動するときに電子が形成するギザギザした柱だ。世界中で起こる雷雨のおかげで、地球は一時間に数千回も雷に打たれている。稲妻が通過する太さ一センチメートルの空気の柱は、この電子の流れによって数百万度に加熱され、一瞬のうちにプラズマ化して強烈な光を発する。

流れ星はどれも、惑星間空間に存在する瓦礫類の微小な粒子が、大気中をたいへんな高速で通過するために燃え尽きて、何ら害を及ぼすことなく、宇宙塵となって地球に降ってくるものだ。大気圏に再突入する宇宙船にもこれとほとんど同じことが起こる。乗組員たちは、それまで維持していた時速一万八〇〇〇マイル（約二万八八〇〇キロメートル）、すなわち秒速約五マイル（約八キロメートル）の軌道速度で着陸したくはないので、この運動エネルギーをどこかで捨てなければならない。運動エネルギーは、再突入時に宇宙船の先端で熱に変わり、耐熱シールドによって素早く除去される。このようにして、流れ星とは異なり、宇宙飛行士たちは塵になることなく地球に降りてくる。着陸までの降下中数分間、温度はとほうもなく高くなり、宇宙カプセルはイオン化して、宇宙飛行士たちは一時的にプラズマのバリアに包まれてしまう。われわれの通信信号は一切このバリアを通過することができない。これが、宇宙船が明るく輝き、宇宙管制センターが宇宙飛行士たちの健康状態をまったく把握できなくなる、有名な「ブラックアウト現象」である。宇宙船が大気を下りながら次第に減速するにつれて、温度は低下し、空気は高密度になり、やがてプラズマ状態は持続できなくなる。電子は原子へと戻り、通信は即座に復旧する。

　地球上ではプラズマは比較的稀だが、宇宙に存在するすべての可視物質の九九・九九パーセントがプラズマだ。光を発するすべての恒星とガス雲を含めた集計で、この値である。

ハッブル宇宙望遠鏡がわれわれの銀河のなかで撮影した星雲の美しい写真のほとんどすべては、プラズマ状態にあるガス雲がさまざまな色を示している様子を捉えたものだ。一部の星雲では、その形状と密度は、磁力源の作る磁場が近くにあることの影響を大きく受けている。プラズマは磁場をひとつの場所に閉じ込め、気まぐれに、ねじったり、いろいろと形を変えたりすることができる。プラズマと磁場の長期にわたる結びつきこそが、太陽の一一年周期活動を特徴づける第一の要素だ。太陽の赤道付近にあるガスは、ごく近傍（きんぼう）にあるガスよりもほんの少し速く回転している。この速度の差が、太陽の麗（うるわ）しいたたずまいを台無しにする要因となる。太陽の磁場はプラズマに囚（とら）われているので、ガスの回転速度の差によって、磁場は引き伸ばされ、歪（ゆが）められる。黒点、フレア、プロミネンスをはじめ、太陽表面に現れるさまざまな美観を損ねる形状は、ねじれた磁場がプラズマを引き連れたまま太陽表面を猛烈なスピードで動きまわる際に、出たり消えたりするのである。

　このようなすさまじいもつれあいが起こっているせいで、太陽は毎秒一〇〇万トンにも及ぶ、電子、陽子、裸にされたヘリウム原子核などの荷電粒子を宇宙空間に投げあげている。この粒子の流れ――ときには強風、ときには微風――は、より一般的には太陽風（たいようふう）と呼ばれている。この最も有名なプラズマは、彗星が接近しているときも遠ざかっているときも、その尾が太陽から遠いほうを向くことの原因となっている。太陽風は、地球の磁極付近にある大気に衝突する際には、オーロラ（北極光と南極光）を引き起こす直接の原因となる。これは何も地球だけに限ったことではなく、大気と強い磁場を持つすべての惑星で同じことが起こっている。プラズマの温度と、それを構成している原子や分子の種類によって、自由電子の一部は、電子を欲しがっている原子と再結合し、その際に、自由電子の状態から基底状態までのあいだに存在する無数のエネルギー準位（じゅんい）を降下していく。その過程で電子は、準位差で決まる波長の光を放射する。オーロラの美しい光は、このような電子のどんちゃん騒ぎによって生じるものであり、ネオン管、蛍光灯、そして、安っぽいギフトショップでラバランプ（訳注　円筒形の透明な容器に鮮やかな色を付けた粘性液体を封じ込めて循環させ、それを容器内の電灯で照らして形や動きを楽しむインテリア用ライト）と並べて売られている、光るプラズマ・ボールなどの光も同じ原理による。

最近では観測衛星のおかげで、われわれが太陽を常時観察し、太陽風について報告できる能力はこれまでになく向上し、まるで毎日の天気予報のように太陽風の動向が予測できる。わたしが夜のニュース番組に初めて映ったときのインタビューは、太陽が地球に向かって直接プラズマ・パイを投げたとでもいうべき、大量の太陽風が地球に向かっているという報告に関する取材だった。誰もが（少なくともリポーターたちは）、それがぶつかったら地球の文明を脅（おびや）かすような大惨事が起こるかもしれないと不安がっていた。わたしは視聴者たちに向かって、心配しないで――われわれは地球の磁場によって守られているのだから――と言い、さらに、この機会を利用して極北地域に旅行し、今回の太陽風がもたらすだろうオーロラを満喫してはどうかと提案したものだった。

太陽の周囲にある希薄なコロナは、皆既日食のあいだ、真っ黒な影になった月の周囲に、輝く光の環になって現れるが、このコロナとは、太陽の大気の最外層にあたる五〇〇万度のプラズマである。これほど高温のコロナは、太陽から放出されるX線の主要な源になっているが、皆既日食以外では人間の目には見えない。可視光しか感じない人間には、太陽表面の明るさがコロナの明るさを凌駕し、まぶしい輝きでコロナをやすやすと隠してしまう。

　地球の大気には、われわれが電離圏と呼んでいる層があるが、ここでは層全体にわたって、原子の外殻電子が太陽風によって吹き飛ばされてしまっており、いわば手近なプラズマの毛布となっている。この層は、あなたのラジオのAMダイヤルの電波も含め、特定の範囲の周波数を持つ電波を反射する。電離圏にこのような性質があるおかげで、AMラジオ信号は数百マイル（八〇〇キロメートル程度）離れたところまで届く。これに対して「短波」ラジオは、地平線を越えて数千マイル（八〇〇〇キロメートル程度）先まで届くことができる。しかし、FM信号やテレビ放送信号ははるかに周波数が高く、電離層を通り抜けて、光の速さで宇宙へと飛んでいってしまう。われわれを盗聴している異星人はみな、われわれのテレビ番組の内容がすべてわかるだろう（おそらく、良くないことだろう）し、われわれがFMで聴いている音楽がすべて聞こえるだろう(おそらく、いいことだろう)が、AMラジオのトークショーのホストがしゃべっている政治の話題はまったく知らぬままだろう(おそらく、われわれの安全には好ましいことだろう)。

たいていのプラズマは、生命体には優しくない。テレビドラマシリーズの『スター・トレック』で、一番危険な仕事をしていたのは、彼らが訪れた未知の惑星で見つかった光る塊を調査しなければならなかった人であった(わたしの記憶では、この人はいつも赤いシャツを着ていた)。この乗組員は、プラズマの塊に遭遇するたびに蒸発してしまう。これらの宇宙を旅し、星を歩きまわる人々は、二五世紀に生まれたなら、プラズマは敬意を持って扱わねばならないと(あるいは、赤い服を着てはならないと)とっくの昔に学んでいるはずではないかと、あなたは思われるかもしれない。二一世紀に生きるわれわれは、宇宙のほかのどこにも行っていなくても、プラズマを敬意を持って扱っている。

人間が作った熱核融合原子炉の中心はプラズマ状態にあり、これは安全な距離からモニターされているが、われわれはこのなかで、複数の水素原子核を高速で一体化させ、より重いヘリウムの原子核に変えようとしている。そうすることによって、社会が必要とする電力をまかなうに十分なエネルギーを解放するのである。問題は、投入したエネルギー以上のエネルギーを取り出すことにはまだ成功していないという点だ。このように高い衝突速度を実現するには、水素原子の塊を数千万度の高温にしなければならない。この温度では、原子核に拘束されたままの電子などありえない。このような高温のもとでは、電子はすべて水素原子から剝ぎ取られ、自由に動きまわる。数百万度の水素のプラズマをどのように保持すればいいのだろう？　どんな容器に収めればいいだろう？　電子レンジで使用できるタッパーウェアでもだめだろう。必要なのは、溶解したり、蒸発したり、分解したりしないボトルだ。第2部で少し見たように、プラズマと磁場の関係を利用して、プラズマが通過できない強力な磁場を壁とする特殊な「ボトル」を設計することができる。核融合原子炉が実現した暁（あかつき）に経済的にも利益が得られるかどうかは、このような磁気ボトルの設計と、そして、プラズマがそのボトルとどのような相互作用を示すかを、どこまで解明できるかにかかっている。

これまでに作り出された最も風変わりな物質は、最近分離されたばかりの、クォーク・グルーオン・プラズマである。これを作ったのは、ニューヨークはロングアイランドにある素粒子加速器施設、ブルックヘブン国立研究所の物理学者たちだ。クォーク・グルーオン・プラズマは、電子を剝ぎ取られた原子で満たされているのではなく、通常は一体化して陽子や中性子をなしている、分数で表される大きさの電荷を持ったクォークと、グルーオンという、ともに物質を構成する最も基本的な要素であるものの混合物からなっている。この特異なプラズマは、ビッグバンのほんの一瞬のちの宇宙全体の状態に極めてよく似ている。すなわち、観察可能な宇宙全体が、まだローズ地球・宇宙センターの直径二六メートルの球形ドームに収まる大きさだったころだ。じつのところ、宇宙は誕生して四〇万年近く経つまでは、そのあらゆる部分がプラズマ状態だったのである。

このころまでに宇宙は、一〇億度から数千度にまで冷却した。そのあいだずっと、プラズマで満たされた宇宙のなかで、すべての光は四方八方へと散乱していた——霜で覆われたガラスや太陽の内部を光が通過するときに起こることと極めてよく似た状況だ。光は、これらのものを散乱することなしに通過することはできず、したがって、霜の着いたガラスも太陽も、透明ではなく半透明に見えるのである。数千度以下になると、宇宙は十分冷えて、宇宙に存在するすべての電子は、それぞれ一個の原子と結びつき、水素とヘリウムの完全な原子となる。

宇宙全域に広がっていたプラズマ状態は、すべての電子が家を見つけたとたん、もはや存在しなくなった。そして、少なくとも、クエーサーが生まれるまでは、数億年にわたってこの状況が続いた。クエーサーの中心にはブラックホールがあり、渦巻くガスをどんどん取り込む。このガスがブラックホールに落ちる寸前、イオン化作用を持った紫外線を放射し、これが宇宙を伝わりながら、大量の原子から電子を弾き飛ばす。クエーサーが生まれるまで、宇宙はそれまでもそれ以降もないような、どこにもプラズマが存在しない状態を楽しんでいた。われわれはこの時期を「宇宙の暗黒時代」と呼び、このあいだに重力は、音も光も出すことなく、物質をまとめて、第一世代の恒星となるプラズマの球を作っていたのだと考えている。

第19章 炎と氷

コール・ポーターは一九四八年のブロードウェー・ミュージカル作品、『キス・ミー・ケイト』のために「トゥー・ダーン・ホット」を作曲したが、その曲のなかで不平の的となっている気温が摂氏三五度を超えていなかったのは確かだ。ポーターの歌詞を、気持ちよくメイクラブできる気温の上限に関する信頼できる情報源だと考えてもまずいことはないだろう。このことと、冷たいシャワーがたいていの人の性欲にどのような影響を及ぼすかという事実を結び合わせると、衣服を身につけていない人間の体が快適と感じる温度範囲がいかに狭いかを、かなり正しく見積もることができる。室温をほぼ中央として、その幅は摂氏目盛で一七度程度である。

宇宙となるとこれとはまったく話は違ってくる。一〇〇、〇〇〇、〇〇〇、〇〇〇、〇〇〇、〇〇〇、〇〇〇、〇〇〇、〇〇〇、〇〇〇、〇〇〇度（10^{32}度）と聞いて、あなたはどんなふうに思われるだろうか？　これは、一溝（こう）度という温度だ。この温度は、ビッグバンのほんのわずかあと——その後、惑星（プラネット）、ペチュニア、そして素粒子物理学者（パーティクル・フィジシスト）などになるすべてのエネルギーと物質と空間が、まだ膨張するクォーク・グルーオン・プラズマの火の玉だったころ——の宇宙の温度でもある。宇宙の温度が何十億分の一にも下がるまでは、あなたが物と呼ぶようなものは一切存在できなかったのだ。

　熱力学の法則の定めに従って、ビッグバンの約一秒後までに、膨張する火の玉は一〇〇億度にまで冷却し、原子一個よりも小さいものから、われわれの太陽系の約一〇〇〇倍も大きな宇宙の巨人にまで膨れ上がった。三分が経過するころまでには、宇宙はさわやかな一〇億度になっており、すでに最も単純な原子核をさかんに作っていた。膨張と冷却は手に手をとって進行するもので、以来ずっと、この二つは変わることなく続いている。

　現在、宇宙の平均温度は二・七三ケルビン（K）だ。ここまでに挙げた温度は、人間の性欲に関係するもの以外はすべて絶対温度のケルビンで表示している。ケルビンという単位で表す絶対温度は、摂氏温度と同じ目盛幅になるよう定義されているが、ケルビン目盛には負の数はない。ゼロはゼロ、それで終わり、である。実際、ケルビン目盛のゼロは、いかなる疑問をさしはさむ余地も与えまいとするかのように、絶対零度と名づけられている。

　スコットランド系の技術者、物理学者であるウィリアム・トムソンは、のちにケルビン卿と呼ばれるようになり、今ではこちらの呼び名のほうがよく知られている。彼は一八四八年、可能な限りで最も低い温度というものが存在すると初めて明言した。実験室では、この温度にはまだ到達していない。じつのところ、この温度にどこまでも近づくことはできるが、この温度そのものが実現されることは、原理的に決してない。〇・〇〇〇〇〇〇〇〇五K（あるいは、メートル法の達人の使う用語で表せば、五〇〇ピコケルビン）という、文句なしに極めて低い温度が、MITの物理学者、ヴォルフガング・ケターレの実験室で二〇〇三年に実現されている。

実験室の外では、度肝を抜くほど幅の広い温度範囲で宇宙のさまざまな現象が起こっている。現在宇宙で最も熱い場所のひとつが、崩壊を起こしている青色超巨星のコアだ。超新星として爆発する直前、青色超巨星は、猛烈な勢いで近隣をヒートアップさせながら、一〇〇〇億Kに達する。これを太陽のコアの温度、一五〇〇万Kと比べていただきたい。

天体の表面は、はるかに低温だ。青色超巨星の表面は約二万五〇〇〇Kである。もちろん、青く輝くほど高温だ。われわれの太陽の表面は六〇〇〇Kで、白く輝くほど高温であり、また、元素の周期表に載っているあらゆるものを融かし蒸発させるほど高温である。金星の表面は七四〇Kで、宇宙探査機を駆動するのに通常用いられる電子機器をダメにするほどの高温だ。

水の凝固点、二七三・一五Kは、目盛を相当下ったところに位置するが、太陽から五〇億キロ近く離れた海王星の表面の六〇Kに比べたら、暖かい以外のなにものでもないように思える。海王星の衛星のひとつ、トリトンは、さらに低温だ。その窒素に覆われた表面の温度は四〇Kまで下がり、冥王星のこちら側では、太陽系のなかで最も寒い場所となっている。

地球の生き物たちは、この図式のどのあたりに位置するのだろう？　人間の平均体温（昔からほぼ摂氏三七度）は、ケルビン目盛では三一〇Kの少し上である。公式に記録されている地球の表面温度は、夏の高温の三三一K（リビアのアルアジジャで一九二二年に記録された五八℃）から、冬の低温の一八四K（南極のボストーク基地で一九八三年に記録されたマイナス八九℃）までである。だが人間は、このような極端な温度では、何の助けもなしには生き残れない。熱を避ける手段なしには、サハラ砂漠では高体温症になってしまうし、大量の衣服とたっぷりの食糧なしには、北極では低体温症に罹ってしまう。その一方で、地球に生息する好熱性（高温を好む）と好冷性（低温を好む）の極限性微生物たちは、われわれならフライになるか冷凍になるかという極端な温度に、それぞれのやり方で適応している。衣服など一切着ていない生きた酵母菌が、三〇〇万年前に形成されたシベリアの永久凍土のなかで発見されている。アラスカの永久凍土に三万二〇〇〇年ものあいだ閉じ込められていたある種のバクテリアが、凍土を融かしたとたん蘇り、泳ぎはじめた例もある。そして、まさに今この瞬間も、古細菌とバクテリアのさまざまな種が、海底熱水噴出孔の煮えたぎる泥水や沸き立つ温泉や海底火山の周りで生きているのである。

複雑な生命体のなかにだって、同様に驚異的な環境で生存できるものはいる。緩歩動物（クマムシ）と呼ばれる、とても小さな無脊椎動物は、必要に迫られれば代謝を中止することができる。彼らはそのような状態になると、四二四K（一五一℃）で数分間、七三K（マイナス二〇〇℃）で何日間も生きることができ、海王星で足止めをくらっても十分持ちこたえられる。したがって、今度宇宙旅行に「不可欠な資質」を備えた宇宙飛行士が必要になったときには、酵母とクマムシを任命し、アストロノート、コスモノート、太空人など、どんなふうに呼ばれようと、人間の宇宙飛行士は御役御免で自宅待機してもらったほうがいいと、あなたは思うかもしれない。

温度と熱を混同してしまうことは珍しくない。熱とは、何でもいいがある物質に含まれるすべての分子の、すべての運動の総エネルギーだ。ものの内部には、動きの速い分子もあれば、動きの遅い分子もあり、それらが混ざり合った状態なので、エネルギーは大きな幅でばらついている。一方温度は、ただ単純にこれらの分子の平均エネルギーを示しているに過ぎない。たとえば、カップ一杯の淹れたてのコーヒーは、温水プールよりも温度が高いかもしれないが、プールのなかにあるすべての水は、たった一杯のコーヒーよりもはるかに大量の熱を持っている。あなたが摂氏一〇〇度のコーヒーを五〇度のプールにいきなり注いだとしても、プールは突然七五度になったりしない。あるいは、ひとつのベッドのなかにいる二人の人間は、ひとつのベッドにいる一人の人間の二倍の熱源ではあるが、彼らの二つの身体——三七度と三七度——の平均温度が、両者を足し合わせた七四度となって、毛布の下に隠れた密かなオーブンになることは、普通はない。

一七世紀と一八世紀の科学者たちは、熱を燃焼と密接に関係したものとして捉えていた。彼らの考えでは、フロギストンと呼ばれる、燃焼性を持ち、四大元素で言うなら「土」にあたるような仮想的な物質が物体から取り除かれるときに燃焼が起こるのだった。一本の丸太を暖炉で燃やすと、空気がフロギストンを運び去り、そして、フロギストンを奪われた丸太は灰の山になるというわけだ。

一八世紀末になると、アントワーヌ＝ローラン・ド・ラヴォアジエが、フロギストン説に代わるカロリック説を強く打ち出した。ラヴォアジエは熱をカロリックと呼び、これをひとつの化学元素であるとし、燃焼や摩擦といった現象において、目に見えず、無味無臭で、重さもない流体として、物体から物体へと移動するのだと主張した。熱の概念が完全に理解されるのは、一九世紀、産業革命の最盛期が訪れ、熱力学と呼ばれる新しい物理学の分野のなかで、エネルギーに対するより広範な概念が形成されてからのことであった。

科学的概念としての熱は、優れた頭脳の持ち主たちにさまざまな難問を突きつけたが、科学者もそうでない人々も、温度の概念については、数千年にわたって、直感的に理解していた。熱いものは温度が高い。冷たいものは温度が低い。この関係は、温度計によって確かめることができる。

温度計を発明したのはガリレオだと言われることが多いが、そのような道具の最も初期のものを、紀元一世紀の発明家、アレクサンドリアのヘロンが作っていた可能性がある。ヘロンが著した『気体装置』のなかには、ひとまとまりの気体を熱したり冷やしたりしたときにその体積の変化を示す、現代で言う「サーモスコープ」に似た装置の記述がある。ほかの多くの古い書物と同じく、『気体装置』もルネサンス期にラテン語に翻訳された。ガリレオはこれを一五九四年に読み、そして、のちに望遠鏡が発明されたという話を聞いたときと同じように、より優れた「サーモスコープ」を即座に製作したのである。

温度計にとっては、目盛が何より重要だ。温度の単位を決める際に、日常的な現象が起こる温度が、いろいろな数でうまく割り切れる数字になるようにするという、一八世紀に始まった面白い伝統がある。アイザック・ニュートンは、ゼロ（雪が融ける温度）から一二（人間の体温）までの目盛を提案した。もちろん、一二は、二、三、四、六で割り切れる。デンマークの天文学者、オーレ・レーマーは、ゼロから六〇までの目盛を持つレーマー温度を提案した（六〇は、二、三、四、五、六、一〇、一二、一五、二〇、三〇で割り切れる）。レーマーの目盛では、彼が氷、塩、水の混合物で達成できた最低の温度をゼロとし、水の沸点を六〇としていた。
一七二四年、ダニエル・ガブリエル・ファーレンハイトというドイツの道具製作者（一七一四年に水銀温度計を開発した人物）が、レーマー温度のそれぞれの目盛を四等分して、より精度の高い目盛を製作した。この新しい目盛では、水は二四〇度で沸騰し、三〇度で凍り、人間の体温は約九〇度となった。これに調整が加えられ、ゼロから人間の体温までの間隔は九六度となり、これまた、いくつもの数字で割り切れる使いやすいものとなっている（二、三、四、六、八、一二、一六、二四、三二、四八で割り切れる）。水の凝固点は三二度となった。その後さらに微調整と標準化が行なわれて、ファーレンハイト目盛（華氏）を使う人々は、体温が整数でなくなり、水の沸点が二一二度という中途半端な数になるという不便を強いられることになった。

　これとは異なる経過を辿って、スウェーデンの天文学者アンデルス・セルシウスは一七四二年、十進法に則った百分度目盛の温度表示を提案した。彼は、水の凝固点を一〇〇度、沸点をゼロとした。ちなみに、天文学者が目盛を逆方向につけたのは、これが初めてでも、最後でもない。誰か――たぶん、セルシウスの温度計を製作した男だろう――が世界のために一肌脱いで、目盛を逆向きにしてくれたおかげで、われわれが今親しんでいるセルシウス目盛（摂氏）ができた。ゼロという数は、一部の人間に思考停止をもたらす効果があるようだ。二〇年ほど前、大学院時代の冬休みに、ニューヨーク・シティの北にある両親の家で過ごしていたある晩のこと、わたしはラジオをつけてクラシック音楽を聴いていた。ちょうど、カナダからやってきた寒気団がアメリカ北東部を進んでおり、アナウンサーは、ゲオルク・フリードリヒ・ヘンデルの「水上の音楽」の楽章の切れ目が来るたびに、外気温がどれだけ下がったかを報告していた。「華氏五度です」。「四度になりました」。「三度です」。そして、あげくのはてに、いかにも嘆かわしげな声で、「このままでいくと、もうすぐ温度が完全になくなってしまいます！」と叫んだのだ。

このように恥ずかしい数字音痴ぶりを披露することがないようにという意味もあって、科学者の国際社会では、ゼロを一番下という妥当な場所に置いたケルビン温度目盛を採用している。ゼロにとってこれ以外の場所は理不尽だし、温度変化を数値で実況放送するにも不便だというわけだ。

ケルビンに先んじて、何人かの科学者が気体を冷却しながらその体積が減少していくのを測定することによって、あらゆる物質の分子がありうる最低のエネルギーをとる温度は、摂氏マイナス二七三・一五度（華氏ではマイナス四五九・六七度）であると特定した。また別の実験では、マイナス二七三・一五度は、一定の圧力のもとで、気体の体積がゼロになる温度であることが示された。体積ゼロの気体などというものは存在しないので、マイナス二七三・一五度は、実現されることのないケルビン目盛の下限となった。そして、これを呼ぶのに「絶対零度」以上にふさわしい用語はないだろう。

宇宙全体は、一種気体のような振舞いをする。気体を膨張させれば、その温度は低下する。宇宙が生まれてからたった五〇万年しか経っていなかったころ、宇宙の温度は約三〇〇〇Kだった。現在は三K以下である。熱的な死に向かって容赦なく膨張している現在の宇宙は、生まれたばかりの宇宙よりも一〇〇〇倍も大きく、一〇〇〇倍も冷たい。

地球上で温度を測るときは普通、相手が生き物ならその開口部に温度計を突っ込むか、あるいは、それとは別のもっとおだやかな方法で、相手の物体に温度計を接触させる。このような直接の接触によって、温度計の内部で運動している分子を対象物の分子と同じ平均エネルギーに到達させられる。温度計がリブロースに差し込まれて温度チェックに勤(いそし)んでいず、宙ぶらりんになって怠(なま)けているときは、衝突しあっている空気分子の平均速度によって、温度計の表示温度が決まる。

空気といえば、地球上の任意の時間、任意の地点で、日光がまったく遮(さえぎ)られていない部分の空気の温度は、その近くにある木陰の空気の温度と基本的には同じである。木陰の働きは、その大部分が吸収されずに大気を通過して、あなたの皮膚に当たり、空気そのものから受けるよりもはるかに暑い感覚をもたらす、太陽の放射エネルギーからあなたを守ることにある。しかし、空気が存在しない虚空では、温度計に温度を表示させるような運動する分子自体がない。したがって、「宇宙の温度は何度だろうか？」という問いには明確な意味がなくなってしまう。接触するものが何もないので、温度計は、その上に降り注ぐ、すべての光源からのすべての光の放射エネルギーだけを認識する。

月には大気がないので、昼間になっている部分では、温度計は四〇〇K（一二七℃）を表示するだろう。一メートルほど移動して、大きな岩の陰に入るか、あるいは、夜になっている部分に行けば、温度計は即座に四〇K（マイナス二三三℃）に下がるだろう。温度コントロールが効いた宇宙服なしで、月の一日を生き延びるには、快適な温度を維持するだけのために、ずっとバレエのピルエットをしてぐるぐる回転しつづけ、体のあらゆる部分が、焼かれる状態と冷やされる状態とを交互に取るようにしなければならないだろう。

ほんとうに寒い状況になって、放射エネルギーを少しでも多く吸収したいときは、光を反射するものではなく、何か黒っぽいものを着るのがいい。同じことは温度計にも言える。温度計に宇宙でどのような服を着せておくべきかという議論はおいて、ここでは温度計を完全に吸光性にできるものと仮定しよう。たとえば天の川銀河とアンドロメダ銀河の中間点のような、はっきりしたどんな放射源からも遠く離れた、何もないところにその温度計を置いたとすると、温度計は、現在の宇宙の背景温度である二・七三Kに落ち着くだろう。

最近宇宙論研究者たちは、宇宙は永遠に膨張を続けるだろうということで大体意見が一致している。宇宙の大きさが二倍になるころには、その温度は半分に下がっているだろう。

さらに二倍になるころには、温度もさらに半分に低下しているだろう。数兆年が経過するころには、残留しているガスはすべて恒星を作るのに費やされ、そしてすべての恒星は、自分の熱核燃料を使い果たしてしまっているだろう。そのあいだに、膨張する宇宙の温度は低下しつづけ、絶対零度にどんどん近づくだろう。

本書は二〇〇八年十月に早川書房より単行本として
刊行された作品を文庫化したものです。

訳者略歴　京都大学理学部物理系卒業　英日・日英の翻訳業　訳書にマンロー『ホワット・イフ？』『ホワット・イズ・ディス？』，リドレー『進化は万能である』（共訳），クラウス『ファインマンさんの流儀』（以上早川書房刊）他多数

HM=Hayakawa Mystery
SF=Science Fiction
JA=Japanese Author
NV=Novel
NF=Nonfiction
FT=Fantasy

ブラックホールで死(し)んでみる
タイソン博士の説き語り宇宙論
〔上〕

〈NF484〉

二〇一七年一月二十日　印刷
二〇一七年一月二十五日　発行
（定価はカバーに表示してあります）

著者　ニール・ドグラース・タイソン
訳者　吉田(よしだ)三知世(みちよ)
発行者　早川浩
発行所　株式会社　早川書房
郵便番号　一〇一 - 〇〇四六
東京都千代田区神田多町二ノ二
電話　〇三 - 三二五二 - 三一一一（大代表）
振替　〇〇一六〇 - 三 - 四七七九九
http://www.hayakawa-online.co.jp

乱丁・落丁本は小社制作部宛お送り下さい。
送料小社負担にてお取りかえいたします。

印刷・精文堂印刷株式会社　製本・株式会社フォーネット社
Printed and bound in Japan
ISBN978-4-15-050484-7 C0144

本書は活字が大きく読みやすい〈トールサイズ〉です。